图解
男装制板与缝纫
入门

王文杰　何歆　主编

吴璞芝　马丽群　胡扬　副主编

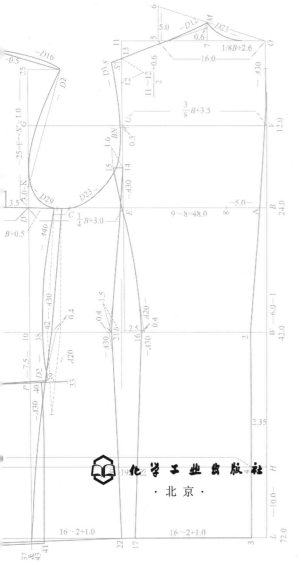

U0221863

化学工业出版社

·北京·

内容简介

本书全面系统地分析介绍了男装的结构设计与缝制要领、款式设计及纸样调整。对典型的衬衫、背心、裤装、西服、大衣、风衣、休闲装的结构设计与缝制做了详细的分析与讲解。本书将设计、制板及工艺等方面的理论知识与实际应用紧密结合，达到综合能力训练的目的，以满足服装企业技术人员和广大服装裁剪爱好者对男装设计、制板及缝制技术的需求。

本书可作为服装职业院校相关专业教材，亦可作为服装企业男装设计、制板及工艺人员和相关从业人员的参考资料。

图书在版编目（CIP）数据

图解男装制板与缝纫入门/王文杰，何歆主编. —北京：化学工业出版社，2021.7

ISBN 978-7-122-39139-1

Ⅰ.①图… Ⅱ.①王…②何… Ⅲ.①男服-服装量裁②男服-服装缝制 Ⅳ.①TS941.718

中国版本图书馆 CIP 数据核字（2021）第 087328 号

责任编辑：张　彦　　　　　　　　　　　　文字编辑：谢蓉蓉
责任校对：杜杏然　　　　　　　　　　　　装帧设计：王晓宇

出版发行：化学工业出版社（北京市东城区青年湖南街 13 号　邮政编码 100011）
印　　刷：北京京华铭诚工贸有限公司
装　　订：三河市振勇印装有限公司
787mm×1092mm　1/16　印张 12　字数 263 千字　2021 年 9 月北京第 1 版第 1 次印刷

购书咨询：010-64518888　　　　　　　　　售后服务：010-64518899
网　　址：http：//www.cip.com.cn

定　　价：59.00 元　　　　　　　　　　　　　　　　版权所有　违者必究

前言

　　我国是拥有几千年历史的文化古国，各民族有着灿烂的服饰文化。改革开放的今天，服装工业有了飞速发展。为振兴我国的服装事业，美化人民生活，作者以十几年来的工作经验编写了本书。

　　服装制板是实践性很强的学科，需要读者具备良好的创新能力、沟通能力和协调能力。这些能力的培养必须通过大量的实践环节来完成，本书最大的特点是将知识由浅入深逐一讲解，而且将知识讲细、讲精，通俗易懂，真正做到理论与实践相结合。

　　本书以实用为原则，全面介绍了男装基础知识，男裤装的结构设计与缝制要领，男西服的结构设计与缝制要领，男衬衫款式设计，男背心款式设计，男大衣、风衣款式设计，男装纸样调整以及男休闲装结构与制图要领。编者总结多年的教学实践经验，将原型法和比例分配法相结合融入服装结构设计的教学中，将国外先进的设计方法和技术与我国传统的设计精髓结合在一起，既丰富了结构设计的内涵又使结构设计更加简洁、快速。近几年的教学实践证明，用这种方法培养出来的学生，不仅专业知识扎实、工作适应性强，还大大缩短了实习时间，这也是本书的特色所在。

　　本书由王文杰、何歆主编，吴璞芝、马丽群、胡扬副主编，李丹月、倪俊雪、刘浩然参与了编写工作。本书在编写过程中得到了服装行业的朋友、学校师生们的大力支持，在此一并表示感谢。由于编写仓促，书中难免有疏漏之处，欢迎各位同仁和广大读者批评指正。

编者

目 录

第三章 男西服的结构设计与缝制要领 　51

第四章 男衬衫款式设计 　90

第一章
男性人体测量与服装结构

第一节
男性人体测量

　　服装成品规格尺寸是服装结构设计的前提。成品规格尺寸的来源除了客户提供的和国家标准号型规格外，主要是通过测量人体而得。由于人体各不相同，为了测量的数据更加准确，因而建立统一的测量方法，一般选取骨骼的端点、凸起点及有代表性的部位作为人体测量基准点。

　　服装结构设计是以人体站立的静态姿势为基础的，所以就要从静态方面处理好服装结构与人体体型结构的配合关系。与女性人体相比较，男性人体的以下特点影响着男装的结构。

　　① 男性整体皮下脂肪少，皮下肌肉与骨骼形状能明显地表现出来。体型线条硬朗、平直。

　　② 男性肩部宽而较平，胸廓体积大。胯部骨骼外延较缓，侧胯不及女性丰富发达，肩部尺寸大于胯部，躯干整体呈倒梯形。

　　③ 男性前身胸部肌肉发达、健壮。胸廓较宽阔，肩、胸至腰部线条较平直。

　　④ 男性背部较宽阔，肩胛部位肌肉丰厚，后腰节明显长于前腰节，而女性则相反。

　　⑤ 男性脊柱曲度较小，过渡偏平缓。腰位较低，臀肌健壮，但臀部脂肪少，不及女性丰厚、凸出。

一、男性人体静态测量

（一）服装人体测量基准点（图 1-1）

（1）头顶点　头部最高点，位于人体中心线上方，是测量身高时的基准点。

（2）肩颈点（颈侧点）　位于人体颈侧根部，是颈部到肩部的转折点。它是测量人体前、后腰节长和服装衣长的起始点，以及服装领口宽定位的参考点。

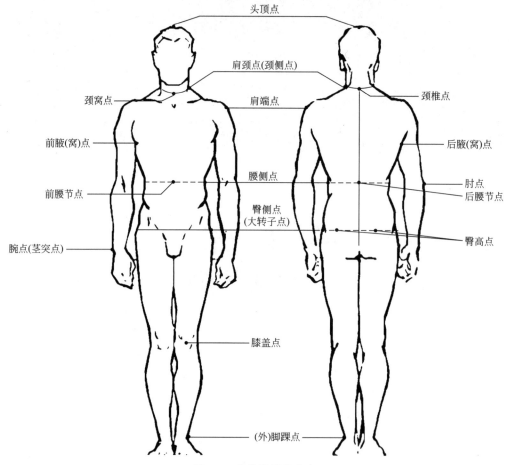

图1-1　人体测量基准点

（3）颈窝点　位于人体左右锁骨中心，前颈根部凹陷的位置，是前领口定位的参考点。

（4）颈椎点　位于人体颈后第七颈椎骨，是测量背长或上体长的起点，也是基础领线定位的参考点。

（5）肩端点　位于人体肩关节峰点处，是肩与手臂的转折点。它是测量人体肩宽、臂长或服装袖长的起始点，而且还是服装袖肩点定位的参考点。

（6）前腋（窝）点　放下手臂时，人体胸部与前手臂根的交界处。左右前腋点间的距离就是前胸宽的尺寸。

（7）后腋（窝）点　放下手臂时，背部躯干与后手臂根的交界处。左右后腋点间的距离就是后背宽的尺寸。

（8）肘点　当手部弯曲时，位于人体上肢肘关节处凸起的点。它是测量上臂长的基准点。

（9）前腰节点　位于人体前腰部正中央处，是确定前腰节的参考点。

（10）后腰节点　位于人体后腰部正中央处，是确定后腰节的参考点。

（11）腰侧点　位于人体腰侧部正中央处，是前后腰的分界点，也是测量服装裤长的起始点。

（12）臀高点　位于人体臀后部左右两侧最高处，是确定臀省省尖方向和臀围线的参考点。

（13）臀侧点（大转子点）　位于人体臀侧部正中央处，是腹部与臀部的分界点。

（14）腕点（茎突点）　位于人体手腕部凸出处，即前臂尺骨最下端点，是测量袖长的参考点。

（15）膝盖点　位于人体膝关节的中心，是大腿与小腿的分界部位。

（16）（外）脚踝点　位于人体踝关节向外侧凸出点，是测量裤长的基准点。

（二）服装与人体贴合部位纵向与横向支撑点

（1）上体贴合部位纵向支撑点　包括男性肩部分的肩端点，脖颈部分的颈侧点、第七颈椎点、颈窝点。

（2）上体贴合部位横向支撑点　包括前胸大肌部分的胸高点、肩胛部分的外凸点。

（3）下体贴合部位纵向支撑点　包括腰围线侧髂骨棘部分的前腰腹点、后中腰点、侧胯上部凸点。

（4）下体贴合部位横向支撑点　包括臀大肌部分的臀峰凸点、前腹部分的腹峰凸点。

对于服装的穿着感、合体性、悬垂效果来说，人体贴合部位纵、横向贴合支撑点掌握着衣服的结构平衡，因此具有极强的造型意义，如有偏差就会造成衣服整体效果不均衡。而服装其他部位的控制，相对来说则需要根据指定的服装款式、功能确立相应的空间量，采用省、造型线、结构线构建出衣片，设计具有较大的灵活性。服装平面设计是通过人体的变化规律确立出准确的数据控制好衣服的基础结构。

（三）服装人体测量部位及测量方法

量体前被测者最好穿着紧身或合体内衣，以最自然的姿势站直或坐直，呼吸自然、顺畅。测量者站在被测者的侧面，方便完整地观察测量部位是否达到测量标准。胸围、腰围、臀围在测量时需要加入两根手指的放松量。人体各部位测量及人体长度、围度比例参考值见表1-1～表1-3。

表1-1　人体各部位测量

类别	序号	部位	测量方法
长	1	身高	人体站立时从头顶点垂直向下测量到地面
	2	颈椎点高	从颈椎点垂直向下量至地面
	3	背长	由第七颈椎点随背形向下量至腰部最细处
	4	前腰节长	由肩颈点向下经过胸高点量至腰部最细处
	5	后腰节长	由肩颈点向下经过肩胛骨量至腰部最细处
	6	腰围高	从腰围线的中央垂直到地面，是设计裤长的依据
	7	臀高	在人体侧面的位置上，自腰侧点量至臀侧点
	8	上裆长/直裆	测量时，被测者坐在硬面椅子上，挺直身体，从腰围线垂直量至椅面
	9	手臂长	由肩端点经过肘量至腕处（茎突点）

续表

类别	序号	部位	测量方法
	10	上臂长	手臂弯曲，由肩端点量至肘部
	11	手长	从茎突点向下量至中指指尖
	12	膝长	从膝盖中点量至地面
长			

	13	肩宽	由左肩端点经过后颈点量至右肩端点
	14	小肩宽	由肩端点量至颈侧点
	15	前胸宽	由前身右侧腋窝处量至左侧腋窝处
	16	后背宽	由后身右侧腋窝处量至左侧腋窝处
宽			

续表

类别	序号	部位	测量方法
	17	头围	双耳上方,经前额中央和后枕骨水平围量一周
	18	胸围	胸部最丰满处水平围量一周
	19	腰围	腰部最细处(前腰节点、后腰节点、腰侧点)水平围量一周
	20	腹围/中腰围/中臀围	腰围至臀围的1/2处水平围量一周
	21	臀围	臀部最丰满处(大转子点)水平围量一周
	22	颈围	在颈部的下端围量一周(注意软尺需经过颈椎点、左肩颈点、右肩颈点、颈窝点)
	23	颈中围	通过喉结,在颈中部水平围量一周
	24	臂围	在上臂最粗的地方(肱二头肌)水平围量一周。尤其对于手臂粗的人是必须测量的尺寸
	25	臂根围	经肩点、前后腋点围量一周
	26	肘围	屈肘,经过肘点围量一周。这是制作窄袖必须测量的尺寸
	27	腕围	经过手腕点(茎突点),手腕围量一周
	28	大腿围	在大腿根部水平围量一周
	29	膝围	在膝盖处水平围量一周
	30	小腿中围	在小腿最丰满处水平围量一周
	31	小腿下围/脚踝围	在踝骨上部最细处水平围量一周
	32	掌围	拇指向掌内轻轻弯曲,通过掌部最丰满的位置围量一周
围			

表 1-2   我国男性人体长度比例参考值   单位：cm

部位名称 比例	身高	颈椎点高	肩宽	臂长	背长	股下长	腰臀距	腰节高
中间体参考值	170	146	45	55	47	78.5	16.6	102
身高每增减 1cm	1	0.90	0.3	0.30	0.23	0.50	0.2	0.60

表 1-3   我国男性人体围度比例参考值   单位：cm

部位	比例 中间体 比例关系	中间体 参考值	胸围每增减 1cm 采用值	部位	比例 中间体 比例关系	中间体 参考值	胸围每增减 1cm 采用值
胸围	B	88	1	上臂围	0.30B	26.5	0.35
腰围	0.84B	74	1	肘围	0.28B	24.3	0.19
臀围	1.02B	90	0.80	下臂围	0.29B	25.4	0.19
颈围	0.42B	37	0.25	腕围	0.19B	17.1	0.1
颈根围	0.45B	39.5	0.25	掌围	0.27B	24.1	0.1
腹围	0.90B	79.4	1	前后浪总长	0.74B	64.9	0.35
腋窝周长	0.46B	40.3	0.35	大腿围	0.60B	52.8	0.37
腋窝净直径	0.13B	11.3	0.06	膝围	0.42B	37	0.19
腋窝净横径	0.12B	10.4	0.14	小腿围	0.42B	37	0.23
				踝围	0.30B	26.5	0.008

（四）人体静态尺度参数

（1）肩斜度   人体从肩端点至颈侧点的小肩宽与水平线所形成的夹角，男性为 21°，女性为 20°。

（2）颈斜度   人体的颈项与垂直线所形成的夹角，男性为 17°，女性为 19°。

（3）手臂下垂自然弯曲平均值   人体自然直立时，手臂呈稍向前弯曲的状态，弯曲程度男性为 6.8cm，女性为 4.99cm。

（4）胸坡角   人体胸高点与前颈窝点的连线和通过胸高点的垂线所形成的夹角。胸坡角一般男性为 16°，女性为 24°。

（5）胸角、腹角   人体胸、腹最高点和腰节点的连线分别与通过胸、腹最高点的垂线所形成的夹角。

（6）臀角   人体臀部后中线斜线与臀高点的垂线夹角，男性为 19.8°，女性为 21°；人体臀沟处的垂直夹角，男性为 10°，女性为 12°。

二、男性人体动态测量

人体形态的运动变化应用于结构设计中主要表现为服装的功能性。这是由于人体是富有生命的个体，并不是一块不变的硬石，人需要不停地呼吸、行走、坐、躺以及做各种运动，每一项活动都会影响人体部位尺寸的变化，人体在实际活动过程中骨骼和肌肉、皮肤的位置要变形，因此服装的运动功能性是以一般的净体为基础加上适当的放松量而获得的，以满足人体形态的变化需要。款式设计方面也同样受到人体动态尺寸的制约，所以了解动态的人体是非常重要的。例如，结构设计中后袖窿曲度要小于前袖窿，后背宽要大于前胸宽。这是因为人体在运动中，即手臂向前运动次数较多，肩背部皮肤伸展较大，所对应的服装结构应增加活动放松量的部位是后衣片的袖窿和袖片部位。人体主要部位伸长率见表 1-4。

表 1-4　人体主要部位伸长率

部位 ＼ 伸长率	横向伸长率/%	纵向伸长率/%
胸部	12～14	6～8
背部	16～18	20～22
臀部	12～14	28～30
肘部	18～20	34～36
膝部	18～20	38～40

服装结构中的宽松量和运动量，主要依据人体正常运动状态的尺度设计。正确了解人体正常运动状态的尺度是服装使用功能与审美功能完美结合的需要。

1. 肩关节和肘关节的活动尺度

肩关节是人的躯体与手臂相连的关节，是活动量最大的关节，肩关节上举 180°，后伸 60°，外展 180°，内收 75°；肘关节前屈 150°，后伸 0°（图 1-2）。由此可见，人体的上肢主要是向前运动，肩关节所对应的服装部位在结构上应增加适当的量，主要是指后衣片的袖窿及袖片部位要有手臂活动所需要的活动松量。

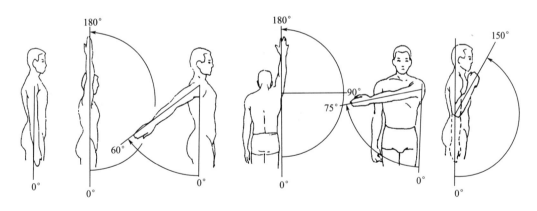

图 1-2　肩关节和肘关节的活动尺度

2. 髋关节和膝关节的活动尺度

髋关节的活动以大转子的活动范围为中心，以向前运动为主，是下装臀部尺寸设计的动态依据，同时也要考虑到双腿同时前屈 90° 的坐姿。髋关节前屈可达 120°，后伸 10°，外展 45°，内收 30°；膝关节后屈 135°，前伸 0°，外展 45°，内收 45°（图 1-3）。从髋关节和膝关节的活动范围分析来看，设计服装尺寸时应注意在臀部、裆部以及下摆的结构上给予适当的活动尺度。膝关节的活动是单方向的后屈动作，为了适应这种运动特点，一般在裤结构的中裆处都要留有余地。如果腿的活动幅度较大，则需要在横裆上增加活动量。

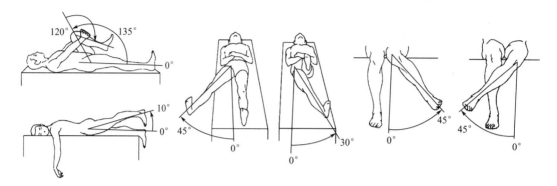

图1-3　髋关节和膝关节的活动尺度

3. 腰脊关节的活动尺度

腰脊关节的活动主要是以腰部脊柱的弯曲来达到运动变化的。人体腰脊前屈时的幅度最大，可达80°，而且前屈机会较多；其次是左右侧屈幅度，可达35°；最后是后伸，正常人体后伸最大幅度可达30°（图1-4）。在考虑运动机能的结构时一般是在后衣身增加适度的活动松量，而前衣身则注意与之保持平衡美观，裤装的后翘、上装后衣身的下摆长于前衣身等都是基于这个因素的考虑。

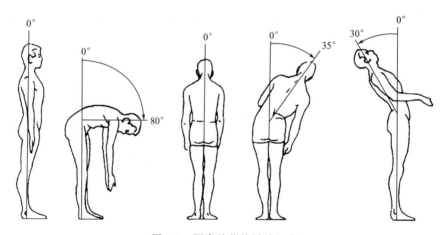

图1-4　腰脊关节的活动尺度

4. 颈部关节的活动尺度

颈部关节的屈伸及左右侧倾角都是45°，其转动的幅度为60°（图1-5），这是设计连衣帽子时的必要参考数据。在静态的情况下，头部的各测量尺寸是固定的，但是当头部尺寸和肩部相连接时，就要考虑在动态情况下对头部尺寸的影响。例如风衣帽子的设计就必须考虑头部动态的最大尺寸。另外，颈部关节的活动尺度对领型的设计也是很重要的。例如领子的高度、领子与肩的角度、领口的深度等。

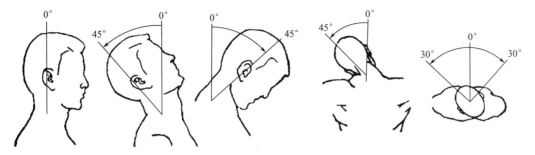

图 1-5　颈部关节的活动尺度

三、男装成衣测量

男装成衣测量见表 1-5～表 1-7。图 1-6 为裤子测量，图 1-7 为衬衫测量，图 1-8 为西服测量。

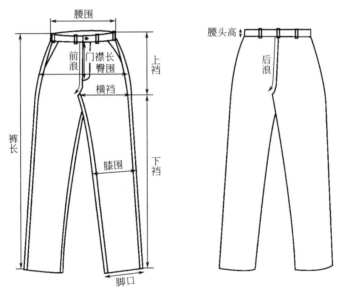

图 1-6　裤子测量

表 1-5　裤子测量方法

序号	部位	测量方法
1	腰围	扣上扣子并拉上拉链，沿腰上口宽横量
2	臀围	底裆点向上 8cm 左右横量，前后分别测量
3	膝围	中裆处水平横量
4	脚口	裤脚管摊平横量
5	腰头高	直量腰头的高度
6	裤长	由腰上口沿侧缝摊平垂直测量至脚口
7	前后浪	前腰中缝弧量到裆底缝为前浪后腰中缝弧量到裆底缝为后浪
8	门襟长	前腰口底处至门襟底边缝线的垂直距离
9	横裆	裆底处衡量，裤腿最宽部位
10	上裆	从腰上口沿垂直量至横裆处
11	下裆	从横裆处量至脚口

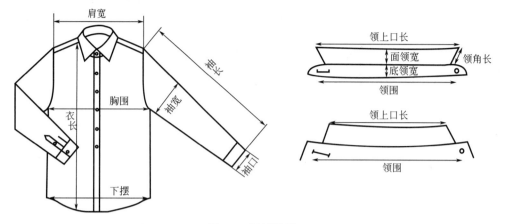

图 1-7　衬衫测量

表 1-6　衬衫测量方法

序号	部位	测量方法
1	肩宽	从左肩缝至右肩缝横量
2	胸围	扣好纽扣，袖窿深向下 2.5cm 处水平横量
3	下摆	将衣服铺平，从下摆侧缝至侧缝水平横量
4	衣长	从肩部最高点垂直量至底边
5	袖长	从肩端点到袖头边直线测量
6	袖宽	袖窿深向下 2.5cm 处水平横量
7	袖口	沿袖口边横量
8	领围	将领子摊平，从扣眼前段到扣子中心横量
9	领上口长	面领外侧边缘横向长度
10	面领宽	面领中心处纵向长度
11	底领宽	底领中心处纵向长度
12	领角长	面领外侧边缘斜边线长度

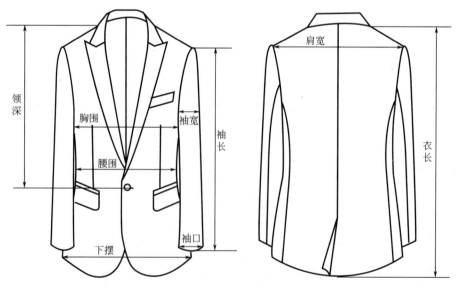

图 1-8　西服测量

表 1-7　西服测量方法

序号	部位	测量方法
1	肩宽	从左肩缝至右肩缝横量
2	胸围	扣好纽扣，袖窿深向下 2.5cm 处水平横量
3	腰围	腰节线处，一般为在腰的最细处横量
4	下摆	将衣服铺平，从下摆侧缝至侧缝水平横量
5	衣长	从领侧肩部最高点垂直量至底边；或由后领中心垂直量至底边
6	袖长	从肩端点到袖头边直线测量
7	袖宽	袖窿深向下 2.5cm 处水平横量
8	袖口	沿袖口边横量
9	领深	从肩最高点垂直量到首粒纽扣的中心

第二节
男装制图符号及成衣规格

一、服装结构制图符号和代号

服装结构制图符号和代号见表 1-8 和表 1-9。

表 1-8　服装结构制图符号

序号	名称	符号	用途
1	粗实线	——————	服装或零部件的轮廓线、裁剪线
2	细实线	——————	服装制图的基础线、辅助线、标示线
3	虚线	- - - - - - - - - -	表示叠压在下层的轮廓线
4	点画线	—·—·—·—·—	表示连折或对折
5	双点画线	—··—··—··—	表示折转，如翻驳领的翻折线
6	等分线	⌒⌒⌒⌒	表示该段距离平均等分
7	等长符号		表示两条线段的长度相等
8	等分符号	▲ ■ ● □ ○	表示尺寸相同的部位
9	距离线	→|← ←—→	表示部位起始点之间的距离
10	经纱向	←———→	表示材料的经向，箭头两端与面料经向平行
11	毛向号	———→	表示方向的符号，如印花或毛绒材料裁剪时必须保持相同方向
12	斜纱向	✕	表示面料斜裁，与直纱向保持 45°

续表

序号	名称		符号	用途
13	直角			表示相交的两条线是 90°直角
14	拼合符号			表示两部分在裁剪时需拼合在一起成一个整体
15	归拢			表示某部位需用高温定型将其尺寸归拢缩小
16	拔开			表示某部位需用高温定型将其尺寸拉伸放大
17	剪切符号			表示由此处剪开
18	重叠符号			表示双轨线共处的地方为纸样重叠部分,需再次分离复制样板
19	省略符号			表示尺寸很长,裁剪中省略裁片的某一部位
20	缩缝符号			表示某部分缝合时均匀收缩
21	橡皮筋符号			表示该部分需加入橡皮筋缝合
22	拉链符号			表示此处需绱拉链
23	纽扣符号			表示纽扣的位置
24	扣眼符号			表示扣眼的位置及方向
25	省道符号	枣核省		省的作用是让服装变得更加合体。根据设计者的造型要求,省的形状也是多变的
		锥形省		
		宝塔省		
26	活褶符号	左、右单褶		褶比省在功能和形式上更加灵活,褶更富有表现力。注意活褶斜线符号的方向,打褶的方向总是从斜线的上方倒向下方,画斜线的宽度表示褶的宽度
		明褶、暗褶		
27	开省			表示此部位省道需要剪开
28	钻眼号			表示衣片部位标记
29	刀眼号			表示衣片部位标记
30	净样号			表示样板没放缝份,是净板
31	毛样号			表示样板已放缝份,是毛板
32	明线号			表示缝纫需要绱明线的部位
33	对格符号			表示格纹面料要求裁片及缝合时格纹要对齐,符号的纵横线应对应布纹
34	对条符号			表示条纹面料要求裁片及缝合时条纹要对齐,符号的纵横线应对应布纹
35	对花符号			表示花纹面料要求裁片及缝合时花纹要对齐

表 1-9 服装结构制图代号

类别	序号	中文	英文	缩写代号
长	1	长度	body length	L
	2	领座	stand collar	SC
	3	领高	collar rib	CR
	4	前衣长	front length	FL
	5	后衣长	back length	BL
	6	前腰节长	front waist length	FWL
	7	后腰节长	back waist length	BWL
	8	袖长	sleeve length	SL
	9	袖窿弧长	arm hole	AH
	10	袖窿深	arm hole line	AHL
	11	袖山	arm top	AT
	12	裤长	trousers length	TL
	13	裙长	shirt length	SL
	14	股下长	inside length	IL
	15	前裆弧长	front rise	FR
	16	后裆弧长	back rise	BR
宽	17	肩宽	should width	SW
	18	领宽	neck width	NW
	19	前胸宽	front bust width	FBW
	20	后背宽	back bust width	BBW
	21	胸围	bust girth	B
	22	腰围	waist girth	W
	23	臀围	hip girth	H
	24	领围	neck girth	N
	25	袖肥	biceps circumference	BC
	26	袖口	cuff width	CW
	27	脚口	slacks bottom	SB
	28	头围	head size	HS
线	29	领围线	neck line	NL
	30	胸围线	bust line	BL
	31	上胸围线	chest bust line	CBL
	32	下胸围线	under bust line	UBL
	33	腰围线	waist line	WL

续表

类别	序号	中文	英文	缩写代号
线	34	臀围线	hip line	HL
	35	中臀围线	middle hip line	MHL
	36	肘线	elbow line	EL
	37	横裆线	crotch line	CL
	38	膝围线	knee line	KL
	39	前中心线	front central line	FC
	40	后中心线	back central line	BC
点	41	颈前点	front neck point	FNP
	42	颈椎(后)点	back neck point	BNP
	43	颈侧点	side neck point	SNP
	44	肩端点	shoulder point	SP
	45	胸高点	bust point	BP

二、专业术语解读

(一)服装专业术语

(1)直丝　一般与布边平行方向的丝缕为经纱向,裁剪中直丝与衣片长度方向平行。

(2)横丝　一般与布边垂直方向的丝缕为纬纱向,裁剪中横丝与衣片围度方向平行。

(3)斜丝　一般与布边呈45°角的裁剪方向。它具有很强的拉伸性,常用于服装的包边及装饰等部位。

(4)门幅　指面料门幅的宽度,有宽幅、窄幅之分。

(5)验色差　检查原料、辅料的色泽差,按色泽的差异级别归类。

(6)查疵点　检查原料、辅料的疵点。

(7)查纬斜　检查原料的纱线垂直度。

(8)复米(码)　复查每匹面料、辅料的长度。

(9)(表层)画样　用样板或漏板按不同规格在原料上画出衣片裁剪线条。

(10)复查画样　复查表层画样的数量和质量。

(11)排料　在裁剪前,按照面料用量定额,有计划地进行样板排序操作。

(12)铺料　按照排料的长度、件数等要求,将面料平铺在裁床上。

(13)缝份(缝头)　指两层裁片缝合后被封住的预留余缝。

(14)净缝　将具体所得规格按比例绘出衣片轮廓线。

（15）毛缝　实际裁剪面料时，要在净缝的外侧加上适当的外放量，用作缝合成衣的缝份。

（16）电动开剪　服装生产线裁剪中，按画样线条用电动裁剪工具裁片。

（17）钻眼（扎眼）　用电钻在衣片上做出缝制标记。

（18）打粉印　用画粉在裁片上做出缝制标记，一般作为暂时标记。

（19）编号　将裁好的各种衣片按其裁床的顺序、铺层的顺序、规格号型、颜色等编印上相应的号码，同一件衣服的号码必须保持一致。

（20）配零料　配齐一件衣服的零部件材料。

（21）钉标签　将有顺序号的标签钉在衣服上。

（22）验片　检查裁片的质量。

（23）分片　将裁片分开整理，按序号配齐或按部件的种类配齐。

（24）段耗　指坯布经过铺料后断料所产生的损耗。

（25）裁耗　铺料后坯布在画样开裁中所产生的损耗。

（26）成衣坯布制成率　制成衣服的坯布重量与投料重量之比。

（27）缝合、合、缉　均指缝合两层或以上的裁片，俗称缉缝、缉线。为了使用方便，一般将"缝合""合"称为暗缝，即在产品正面无线迹，"合"则是缝合的缩略词；"缉"称为明缝，即在成品正面有整齐的线迹。

（28）绱　亦称装，一般指将部件安装在主件上的缝合过程，如绱领、绱袖、绱腰头、绱拉链、绱松紧带等。

（29）打刀口　亦称打剪口、打眼刀、剪切口，"打"即剪的意思。例如在绱袖、绱领等工艺中，为了使袖、领与衣片吻合准确，而在规定的裁片边缘剪 0.3cm 深的小三角缺口作为定位标记。

（30）包缝　亦称锁边、拷边、码边，指用包缝线迹将裁片毛边包光，使织物纱线不易脱散。

（31）手针工艺　运用手工缝制衣料的各种工艺技术。

（32）装饰手针工艺　兼有功能性和艺术性，并以艺术性为主的手针工艺。

（33）针迹　织缝针刺穿缝料时在面料上形成的针眼。

（34）线距　缝合衣片时相邻缝线之间的距离。

（35）线迹　指缝制物上两个相邻针眼之间的缝线形式。

（36）缝型（缝子）　指缝纫机缝合衣片的不同缝纫形式。

（二）结构制图术语

（1）基础线　在制图中控制长度和宽度尺寸所使用的横向线和纵向线。

（2）轮廓线　指部件或服装外部造型线条。

（3）辅助线　协助轮廓线绘制所采用的线条。辅助线在制图时要比轮廓线细。

（4）省道　简称省，依据需要将衣片折叠后，按省的造型及位置缉缝起来，以使衣片具有立体感，满足人体立体曲线的要求。例如，女衬衫和旗袍的胸省，西裤和一步裙的腰省等。

（5）褶裥　根据造型需要，把衣片的折叠处下端开放不合，上端缝合在一起。例如，裤子前片的左右褶裥、裙子腰部的褶裥、男衬衫后片过肩处的褶裥等。

（6）叠（搭）门　衣片门襟左右两边重叠在一起的部位，是锁扣眼和钉纽扣的位置。锁扣眼的一面叫门襟，钉纽扣的一面叫里襟。此处男女装有别，女装衣片右片为门襟、左片为里襟；男装衣片左片为门襟、右片为里襟。叠门的宽度随着扣子的大小而变化。

（7）挂面　衣片门襟内侧另有一层比叠门宽很多的贴边，有助于增加前门襟的挺括度，由于挂在衣服的前面又称前襟贴边。

（8）贴边　亦称折边，是服装翻折的部分。如上衣的下摆折边、袖口折边、袋口折边及裤子的脚口折边等。

（9）止口　门襟、领子、腰头、兜盖等结构的外边缘处。

（10）覆肩　也称过肩，衬衫肩部前后分割后相拼形成的部分。

（11）复势　又称复肩，指某些款式在肩部覆盖一层，形成双层的效果，如衬衫背部。

（12）克夫　袖口或底摆处双层的接缝部分。

（13）育克　指服装上端，如胸部或背部上端做出分割造型的部分。由于风衣、雨衣的育克还有挡雨的作用，故又有雨挡之称。

（14）袖窿深　指肩点到腋下的直线距离。

（15）挂肩长度　一指肩端点到胸宽点的直线长度；二指前后袖窿弧的长度。

（16）大开门　袖衩上层有宝剑头的部位，一般宽度为 2.2～2.5cm，用于锁眼。

（17）小开门　指袖衩下层部位，一般宽度为 1～1.2cm，用于钉纽扣。

（18）起翘　指线条的延伸，主要指裤子后腰、上衣底边等与基础线拉伸的距离。

（19）胖势　亦称凸势，指为适应人体凸出的部位，服装相应做出凸出的曲线造型，使服装整体圆顺、饱满，满足人体形体需求。例如，上衣的胸部、裤子的臀部等，都需要有适当的胖势。

（20）胁势　亦称凹势，指为适应人体凹陷的部位，服装相应做出凹陷的曲线造型，使服装整体圆顺、饱满，满足人体形体需求。例如，西服上衣腰围处、裤子后裆以下的大腿根部位等，都需要有适当的胁势。

（21）困势　裤子后片裆缝比前片裆缝倾斜的程度，倾斜程度的大小影响着困势的大小。

（22）弯势　轮廓曲线与绘制该曲线所做的辅助线的弯曲程度称之为弯势。

（23）窜高　制图时上衣后片的上平线比前片的上平线高出的部分。窜高的大小通常与人体背部的厚度有关。

（24）驳头　衣服领子上部随衣片向外翻转，挂面上段裸露在外的部分，如西装领向外翻折的部分。

（25）驳口线　也称翻折线或翻驳线，指的是驳头翻折部分的直线。绘图时注意要用双点画线。

（26）串口线　与领子原型相切，与驳口线相交的一条直线。

（三） 缝制操作术语

（1）烫原料 熨烫将要裁剪的面料上出现的褶皱。

（2）刷花 在裁剪绣花部位印刷花印。

（3）修片 按标准样板修剪毛坯裁片。

（4）打线钉 一般制作高档服装（如毛呢服装），在服装对位部分（兜位、省位、纽扣位等）用白棉纱线在裁片上做出缝制标记。

（5）剪省缝 将毛呢服装上因缝制后的厚度影响衣服外观的省缝剪开。

（6）环缝 将毛呢服装剪开的省缝，用环形针法绕缝，以防止出现纱线脱散现象。

（7）缉省缝 将省缝折合并按省的造型缉缝在一起。

（8）烫省缝 将省缝倒向一面熨烫，或劈开熨烫。

（9）归拔 运用高温定型，通过拉伸和归拢的手法使平整的面料变得立体起来。

（10）缉衬 将衬布缉缝在衣片上。

（11）烫衬 熨烫缉缝好的胸衬，使其符合人体胸部造型。

（12）敷（胸）衬 在前衣片上敷胸衬，使衣片与衬布贴合一致，且衣片布纹处于平衡状态。

（13）纳驳头 亦称扎驳头，用手工或机扎驳头。

（14）敷止口牵条 将牵条用手针工艺或高温熨烫粘贴在止口部位。

（15）敷驳口牵条 将牵条用手针工艺或高温熨烫粘贴在驳口部位。

（16）敷挂面 将挂面敷在前衣片止口部位。

（17）合止口 将衣片和挂面在门里襟止口处机缉缝合。

（18）扳止口 将止口毛边与前衬布用斜针扳牢。

（19）扎止口 在翻出的止口上，手工或机扎一道临时固定线。

（20）叠暗门襟 暗门襟扣眼之间用暗针缝牢。

（21）定眼位 按衣服长度和造型要求画准扣眼位置。

（22）锁扣眼 在指定的位置上，将扣眼毛边用扣眼线锁光。一般分机锁和手工锁。

（23）开袋口 将已缉好袋嵌线的袋口中间部分剪开。

（24）封袋口 将已开好的袋口两端缉倒回针封口，也可用专业的缝纫机封口。

（25）敷背衩牵条 将牵条布缝在后背衩的边缘部位。

（26）封背衩 将背衩上端封结，一般有明封与暗封两种方法。

（27）扣烫底边 将底边折光或折转熨烫。

（28）缲底边 将底边与大身缲牢，有明缲与暗缲两种方法。

（29）敷袖窿牵条 将牵条布缝在后衣片的袖窿部位。

（30）缲袖衩 将袖衩边与袖口边缲牢固定。

（31）倒钩袖窿 沿袖窿用倒钩针法缝扎，使袖窿牢固。

（32）叠袖里缝 将袖子面、里缉缝对齐扎牢。

（33）收袖山 抽缩袖山上的松度或缝吃头。抽缩时以袖山顶点两侧居多。

（34）滚袖窿 用滚条将袖窿毛边包光，增加袖窿的牢度和挺度。

（35）缲袖窿　将袖窿里布固定于袖窿上，然后将袖子里布固定于袖窿里布上。

（36）叠肩缝　将肩缝份与衬布扎牢。

（37）做垫肩　用布和棉花或中空纤维等做成衣服垫肩。

（38）装垫肩　将垫肩装在袖窿肩头部位，使其最厚部位位于人体肩线上。

（39）包底领　底领四边包光后缲缝。

（40）包领里　将西服、大衣领面外口包转，用三角针与领里绷牢。

（41）倒钩领窝　沿领窝用倒钩针法缝制。

（42）拼领衬　在领衬拼缝处机缉缝合。

（43）拼领里　在领里拼缝处机缉缝合。

（44）敷领面　将领面敷上领里，使领面、领里复合在一起，领角处的领面要宽松些。

（45）缲领钩　将底领领钩开口处用手工缲牢。

（46）翻门襻　缉好门襻后将正面翻出。

（47）绱门襻　将门襻安装在裤片门襟上。

（48）绱里襟　将里襟安装在衣片门襟上。

（49）绱腰头　将腰头安装在裤片腰口处。

（50）绱拉链　将拉链装在门里襟或侧缝等服装需要安装的部位。

（51）绱松紧带（橡皮筋）　将松紧带装在袖口底边等服装需要安装的部位。

（52）封小裆　将小裆开口机缉或手工封口，增加前门襟开口的牢度。

（53）钩后裆缝　在后裆缝弯处用粗线做倒钩针缝，增加后裆缝的穿着牢度。

（54）抽褶　又称收细裥，是缝纫制作中一种常用工艺。用缝线抽缩成不规则的细褶。

（55）里外匀　亦称里外容，是服装缝纫工艺常用的技艺手法，将两片外层大、里层小的部件或部位均匀地合成等大，会由于外层松、里层紧而形成自然卷曲状态。其缝制加工的过程称为里外匀工艺，如勾缝袋盖、驳头、领子等。

（56）吃势　亦称层势。吃指缝合时使衣片缩短，吃势指缩短的程度，多用在里外匀工艺上。

（57）回势　亦称还势。指被拔开部位的边缘处呈现荷叶边形状。

（58）借势　指在两层衣片的缝纫过程中，发现有长短不齐的现象时，需要采取一些工艺措施来把它借平或借齐。措施有：将长出的一层做稍微的放松，或将短的一层做适当的拉紧。

（59）耳朵皮　指西服或大衣的挂面上部有像耳朵形状的结构，可有方角形和圆弧形两类。方角耳朵皮须与衣里拼缝后再与挂面拼缝；圆弧耳朵皮则与挂面连裁，滚边后搭缝在衣里上。西服上衣里袋开在耳朵皮上。

（60）定型　结合面料特征，采用一定的工艺手法使裁片或成衣形态具有一定的稳定性的工艺过程。

（61）塑形　指将裁片加工成所需要的形态。

（四）成品质检术语

（1）起壳　指服装的面料与衬料不贴合，即里外层不相融。

（2）反翘　在服装缝制过程中，由于里外匀未处理好，产生里松外紧的现象，造成起翘。根据服装缝制的工艺要求，不论是衣领的领角或袋盖、门襟止口等，只能略向里弯曲，成圆弧的窝势，不能向外上翘弯曲，向外弯曲即称反翘，这是不符合质量要求的。

（3）起皱　又称起绺。在缝纫过程中，上下两层衣片的松紧没有掌握好，造成一层紧一层松，松的部位就会出现皱起不平服的现象。不论是衣片起皱还是衣缝起皱，都是缝纫时出现的弊病，都有损服装的外形美观。一般起皱指衣片或衣缝的横向皱起，起绺指衣片或衣缝的斜向皱起。

（4）极光　指熨烫时裁片或成衣下面的垫布太硬或无垫布盖烫而产生的亮光。如华达呢、哔叽较容易产生极光。如想消除极光需在有极光处盖水布，用高温熨斗快速轻轻熨烫，趁水分未干时揭去水布自然晾干，此种方法称为起烫。

（5）起吊　指使衣缝皱缩、上提，或成品上衣面、里不符，里子偏短引起的衣面上吊、不平服。常见的有裤子的裆缝起吊、上衣的背缝起吊、袖缝起吊等。对某些有夹里的服装，由于夹里太短或过紧，也会引起面料起吊。

（6）止口反吐　指将两层裁片缝合并翻出后，里层止口超出面层止口。

（7）座势　指将两层衣片缝合翻出时，衣缝没有翻足，还有一部分卷缩在里面。

（8）不匀　指在缝纫过程中，对衣片和缝纫机的速度控制不当，造成衣片的缝纫速度忽快忽慢、轻重不一，导致衣片的吃势不匀、波浪不匀、针码不匀等。

（9）翘势　主要指小肩宽外端略向上翘。

（10）双轨线　又称接线不齐。指在缝纫时断线等原因导致需要重新接线，如线迹接不好，原先只需一道针迹缝线的变成了双道针迹缝线。

（11）眼皮　亦称掩皮。指衣片里子边缘缝合后，为避免里层不外露，将里层向内均匀收紧，尺寸控制在 0.1～0.2cm。如带夹里的衣服下摆、袖口等处都应留眼皮，但如在衣面缝接部位出现眼皮则是弊病。

（12）水渍印　指烫熨时熨斗漏出的水点或盖水布熨烫不匀而出现的水渍。

（13）对称　指服装成品的左右衣片、造型、线缝、衣料的条格、图案纹样等都是对应一致的，这种对称是所有中开襟服装（包括裤和裙）的主要质量要求之一。

（14）圆顺　不论是服装成品的外形轮廓，还是具体的衣缝线条，都要求自然、流畅。如对女士服装来讲，造型要求彰显服装的飘逸、舒展感，忌生硬、呆板或出现打煞凹（即突然地伸出或凹进）的现象。

（15）平服　指成衣平整、不起翘，不会出现因缝纫后而出现的起吊、起皱现象。

（16）窝势　又称窝服。当两层或两层以上面料缝合时，表层面料不可露出止口缝合线，且要有立体感，呈现正面略凸、反面凹进的卷曲的弧状。

（17）戤势　指在正规西服或各类男式上衣的后衣片和袖窿的交合部位，有一定余量的宽出，形成起伏的波浪。宽出的余量越多戤势就越足。戤势一般在 1cm 左右。

（18）方整　就男式服装而言，要求服装成品的外形轮廓或衣缝线条平直挺括、整齐端庄、气派。

（19）登立　与瘪含义相反，即要求服装成品具有立体感，如上衣的后背要求登立，不能为曲形。

（20）平薄　各类毛呢服装的止口如门襟止口、领止口等在缝制时要求平薄。若毛呢衣料较厚，在缝制时应采取相应的技术措施，如用熨斗熨烫等，使之做薄。

（21）饱满　西式毛呢外衣，前胸部位都附有衬料，因此在做衬和敷衬时，应通过一定的工艺进行处理，使胸部圆顺有立体感。

（22）回口　衣服的横向边缘或斜向衣片边缘，由于没敷黏合衬或是缝制的时候拉伸过大而出现松弛现象。如领子弧度是否平顺，斜插袋是否平整等，均是服装检查的重点。

三、服装号型与规格

服装规格尺寸，除了有实际测量体型外，还有国家标准的服装号型规格。服装规格的建立是非常重要的，不但在制作基础样板时不可缺少，更重要的是成衣生产中需要在基础样板上获得从小到大尺码齐全的规格尺寸，从而满足各类消费者的需要，这就必须参考国家或各地区所制定的号型标准。标准号型规格是通过测量我国人口的大多数及各种体态特征人群得来的具有代表性和准确性的统一的规格型号。它是服装工业化、规模化、标准化生产的理论依据，同时也为消费者选购服装尺码提供了可靠的科学依据。

我国第一部国家统一号型标准是在 1981 年制定的。经过十多年的运用，体现出它的不足，在总结经验的基础上进行了多次更为标准化的修订。国家技术监督局于 1997 年重新颁布了最新的 GB/T 1335—1997《服装号型》标准，并于 1998 年 6 月 1 日起正式实施。它改变了过去我国服装规格和标准尺寸只注重成衣号型而不注重人体尺寸的弊端。号型分为成年男体、成年女体和童体三大类。

（一）号型的定义

（1）"号"　指人体的身高，以厘米为单位表示，是设计和选购服装长短的依据。它控制着长度方向的各种数值，如颈椎点高、坐姿颈椎点高、腰围高、全臂长等，它们会随着"号"的变化而变化。

（2）"型"　指人体上体胸围或下体腰围，以厘米为单位表示，是设计和选购服装肥瘦的依据。它控制着围度方向的各种数值，如臀围、颈围、肩宽等，它们会随着"型"的变化而变化。

（3）号型表示方法　如上装 170/88A、下装 170/74A。其中 170 就为"号"，88 和74 就为"型"。此处提到的"A"为标准体的代码，后面将会给大家详细介绍人体体型的分类。

（4）号型应用 如 170/88A 适合身高 168～172cm、胸围 86～89cm、胸腰差 12～16cm 的人穿着。

（二）人体体型的分类

为了更标准地区分体型，服装号型还以人体的胸围和腰围的差额为依据进行区分，将人体划分为 Y 型、A 型、B 型、C 型四大体型。我国人体男子体型分类见表 1-10。全国及分地区男子各体型所占比例见表 1-11。

表 1-10 我国人体男子体型分类

体型分类代码	男子胸腰差值	体态特征
Y 型	17～22	胸腰差非常明显，躯干部瘦且扁平，骨骼明显，腰腹部十分平坦，肩点与臀宽的连线呈明显倒梯形，大腿结实且细长，体型轮廓线条硬朗
A 型	12～16	胸腰差明显，躯干最宽点为肩点，肩点与臀宽的连线呈明显倒梯形，全身肌肉圆润隆起，体型轮廓线条转折分明
B 型	7～11	胸腰差变小，躯干最宽点仍为肩点，但肩点与臀宽的连线渐呈长方形，全身肌肉开始松弛，体型轮廓线条趋向圆润
C 型	2～6	胸腰差较小，甚至为负数，躯干最宽点仍为肩点，但肩点与臀宽的连线已成长方形，全身肌肉松弛，腰部赘肉增多，腰臀宽接近，体型轮廓线条柔和

表 1-11 全国及分地区男子各体型所占比例 单位：%

地区	Y 型	A 型	B 型	C 型	其他型
华北、东北	25.45	37.85	24.98	6.68	5.04
中西部	19.66	37.24	29.97	9.50	3.63
长江下游	22.89	37.17	27.14	8.17	4.63
长江中游	24.40	46.07	24.34	3.34	1.85
广东、广西、福建	12.34	37.27	37.04	11.56	1.79
云南、贵州、四川	17.08	41.58	32.22	7.49	1.63
全国	20.98	39.21	28.65	7.92	3.24

（三）号型系列

（1）5·4 系列 按身高 5cm 跳档，胸围或腰围按 4cm 跳档。

（2）5·2 系列 按身高 5cm 跳档，腰围按 2cm 跳档。一般只适用于下装。

（3）档差 跳档数值又称为档差。以中间体为中心，向两边按照档差依次递增或递减，从而形成不同的号与型，号与型进行合理的组合与搭配形成不同的号型，号型标准给出了可以采用的号型系列。表 1-12～表 1-17 是男装常用的号型系列。

表 1-12　男子服装号型系列分档数值（一）　　　　单位：cm

部件	Y 型								A 型							
	中间体		5·4系列		5·2系列		身高、胸围、腰围每增减1cm		中间体		5·4系列		5·2系列		身高、胸围、腰围每增减1cm	
	计算数	采用数	计算数	采用数	计算数	采用数	计算数	采用数	计算数	采用数	计算数	采用数	计算数	采用数	计算数	采用数
身高	170	170	5	5	5	5	1	1	170	170	5	5	5	5	1	1
颈椎点高	144.8	145.0	4.51	4.00			0.90	0.80	145.1	145.0	4.50	4.00			0.90	0.80
坐姿颈椎点高	66.2	66.5	1.64	2.00			0.33	0.40	66.3	66.5	1.86	2.00			0.37	0.40
全臂长	55.4	55.5	1.82	1.50			0.36	0.30	55.3	55.5	1.71	1.50			0.34	0.30
腰围高	102.6	103.0	3.35	3.00	3.35	3.00	0.67	0.60	102.3	102.5	3.11	3.00	3.11	3.00	0.62	0.60
胸围	88	88	4	4			1	1	88	88	4	4			1	1
颈围	36.3	36.4	0.89	1.00			0.22	0.25	37.0	36.8	0.98	1.00			0.25	0.25
总肩宽	43.6	44.0	1.07	1.20			0.27	0.30	43.7	43.6	1.11	1.20			0.29	0.30
腰围	69.1	70.0	4	4	2	2	1	1	74.1	74.0	4	4	2	2	1	1
臀围	87.9	90.0	2.99	3.20	1.50	1.60	0.75	0.80	90.1	90.0	2.91	3.20	1.50	1.60	0.73	0.80

表 1-13　男子服装号型系列分档数值（二）　　　　单位：cm

部件	B 型								C 型							
	中间体		5·4系列		5·2系列		身高、胸围、腰围每增减1cm		中间体		5·4系列		5·2系列		身高、胸围、腰围每增减1cm	
	计算数	采用数	计算数	采用数	计算数	采用数	计算数	采用数	计算数	采用数	计算数	采用数	计算数	采用数	计算数	采用数
身高	170	170	5	5	5	5	1	1	170	170	5	5	5	5	1	1
颈椎点高	145.4	145.5	4.54	4.00			0.90	0.80	146.1	146.0	4.57	4.00			0.91	0.80
坐姿颈椎点高	66.9	67.0	2.01	2.00			0.40	0.40	67.3	67.5	1.98	2.00			0.40	0.40
全臂长	55.3	55.5	1.72	1.50			0.34	0.30	55.4	55.5	1.84	1.50			0.37	0.30
腰围高	101.9	102.0	2.98	3.00	2.98	3.00	0.60	0.60	101.6	102.0	3.00	3.00	3.00	3.00	0.60	0.60
胸围	92	92	4	4			1	1	96	96	4	4			1	1
颈围	38.2	38.2	1.13	1.20			0.28	0.25	39.5	39.6	1.18	1.00			0.30	0.25
总肩宽	44.5	44.4	1.13	1.20			0.28	0.30	45.3	45.2	1.18	1.20			0.30	0.30
腰围	82.8	84.0	4	4	2	2	1	1	92.6	92.0	4	4	2	2	2	2
臀围	94.1	95.0	3.04	2.80	1.52	1.40	0.76	0.70	98.1	97.0	2.91	2.80	1.46	1.40	0.73	0.70

表 1-14　5·4、5·2 男子 Y 号型系列　　单位：cm

腰围／胸围 身高	155		160		165		170		175		180		185	
76			56	58	56	58	56	58						
80	60	62	60	62	60	62	60	62	60	62				
84	64	66	64	66	64	66	64	66	64	66	64	66		
88	68	70	68	70	68	70	68	70	68	70	68	70	68	70
92			72	74	72	74	72	74	72	74	72	74	72	74
96					76	78	76	78	76	78	76	78	76	78
100							80	82	80	82	80	82	80	82

表 1-15　5·4、5·2 男子 A 号型系列　　单位：cm

腰围／胸围 身高	155			160			165			170			175			180			185		
72				56	58	60	56	58	60												
76	60	62	64	60	62	64	60	62	64	60	62	64									
80	64	66	68	64	66	68	64	66	68	64	66	68	64	66	68						
84	68	70	72	68	70	72	68	70	72	68	70	72	68	70	72	68	70	72			
88	72	74	76	72	74	76	72	74	76	72	74	76	72	74	76	72	74	76	72	74	76
92				76	78	80	76	78	80	76	78	80	76	78	80	76	78	80	76	78	80
96							80	82	84	80	82	84	80	82	84	80	82	84	80	82	84
100										84	86	88	84	86	88	84	86	88	84	86	88

表 1-16　5·4、5·2 男子 B 号型系列　　单位：cm

腰围／胸围 身高	150		155		160		165		170		175		180		185	
72	62	64	62	64	62	64										
76	66	68	66	68	66	68	66	68								
80	70	72	70	72	70	72	70	72	70	72						
84	74	76	74	76	74	76	74	76	74	76	74	76				
88			78	80	78	80	78	80	78	80	78	80	78	80		
92			82	84	82	84	82	84	82	84	82	84	82	84	82	84
96					86	88	86	88	86	88	86	88	86	88	86	88
100					90	92	90	92	90	92	90	92	90	92	90	92
104									94	96	94	96	94	96	94	96
108											98	100	98	100	98	100

表 1-17　5·4、5·2 男子 C 号型系列　　　　　　　　　　　单位：cm

腰围　身高　胸围	150		155		160		165		170		175		180		185	
76			70	72	70	72	70	72								
80	74	76	74	76	74	76	74	76	74	76						
84	78	80	78	80	78	80	78	80	78	80	78	80				
88	82	84	82	84	82	84	82	84	82	84	82	84	82	84		
92			86	88	86	88	86	88	86	88	86	88	86	88	86	88
96			90	92	90	92	90	92	90	92	90	92	90	92	90	92
100					94	96	94	96	94	96	94	96	94	96	94	96
104							98	100	98	100	98	100	98	100	98	100
108									102	104	102	104	102	104	102	104
112											106	108	106	108	106	108

第三节
男装的分类

一、按穿着部位分

（1）贴体衣　包括贴身底裤、背心、衬衣、衬裤、睡衣等（图 1-9）。

图 1-9　贴体衣

（2）上衣　包括衬衫、T 恤、毛衫等（图 1-10）。

（3）裤子　包括短裤、长裤、休闲裤、工装裤、西裤等（图 1-11）。

（4）外套　包括西服、夹克、大衣、风衣等（图 1-12）。

图 1-10　上衣

图 1-11　裤子

图 1-12　外套

二、按穿着用途分

通过对着装用途的分类，我们可以了解各种类型的男装在设计上、结构上、功能上的一些基本特点以及着装方式、着装场所、着装目的方面的要求。根据穿着场合和穿着功能及用途，上男装大致分为以下四大类别（图 1-13）。

（1）礼服类　礼服是指在某些重大场合参与者所穿着的庄重而且正式的服装。此类服装在设计、面料、着装方式以及服饰品搭配上都具有一定的规范性。包括燕尾服、晨礼服、黑色标准西服套装以及搭配礼服所需要的衬衫等。

（2）正装类　日常正装相对礼服类服装可以自由选择面料、服饰品等。包括日常交际中穿的休闲西服，上班族穿的颜色较深的职业装，商务人员经常穿的统一款式、统一颜色、标识性较强的制服，最具中国特色的中装（唐装）、中山装等。

（3）休闲类　包括御寒用的休闲外套、风衣、大衣，造型新颖、功能强的休闲裤，轻松自由的休闲衬衫，日常生活中人们穿的便服，具有防水、防风、透气性好等作用且功能性极强的登山服即"冲锋衣"等。

（4）运动类　指参加运动时穿着的服装。依据运动项目的特点，运动服的造型和功能也各不相同。比如足球服、篮球服、排球服、登山服、滑雪服、狩猎服等。

图 1-13　按穿着用途分

三、按服装造型分

男子的身材特征决定着男装在总体造型上的变化比较单一，没有女装变化多样。女装在造型上分为"X""A""H""T""O"多种类型，而男装通用的为"H""T""A"型。特别是上衣的造型设计前两者居多（图 1-14），"A"造型用得偏少，一般在裤子的造型中出现。"O"造型强调的是收紧肩部轮廓，而男性的体态特征决定了男性服装一定要夸张肩部，以展现男性坚毅、硬朗的直线条，所以这种造型不适合男装。"X"造型是女性最喜欢的造型，因为它能体现出女性优美的身材曲线，虽说此造型也有肩部的夸张处理，但是它是为了衬托收紧的腰部而设计的，因此也不适合男性。

（1）"H"型　也称矩形、箱形、筒形或布袋形。其造型特点是肩平、不收紧腰部、筒形下摆，服装整体的肩部、腰部、下摆尺寸没有明显变化，接近一条直线，这样的造型符合男性人体特征，并可彰显出男性的坚毅、硬朗之感。

图 1-14　按服装造型分

（2）"T"型　外形线类似倒梯形或倒三角形，总体造型将肩部加宽，下摆内收。此种造型强调的是夸张的肩部造型，与之相对应的下摆部分做收紧处理，会使肩部造型更加突出。T 型廓形具有大方、洒脱、较男性化的特点。

第二章
男裤装的结构设计与缝制要领

男装种类相比女装种类要匮乏很多，这是因为男装设计的特点决定了男装不如女装那样形式多变、造型各异。总体上男装设计在分析结构方面强调的是功能性，在穿着方面强调的是严谨性，在形式上还具有偏程式化的特点。俗话说"男装穿品位、女装穿款式"，这就揭示出男装在设计及穿着时侧重的是服装自身的品质，如面料的品质、版型结构的合理、缝制工艺的考究、细部处理的精美等。

男子下装不如女子下装款式丰富，虽然部分地区依然保持着男子下装为裙装的形式，但社会主流的男子下装依然是裤子，裤子作为男子服饰中的必需品一直占据着非常重要的地位。

第一节
男裤装的三种基本板型

男裤的种类可以从功能方面、造型方面、穿着场合方面等多种角度区分。功能方面分为内衣裤类、运动裤类、外裤类等；造型方面分为紧身裤类、合体裤类、宽松裤类等；穿着场合方面分为社交场合的礼服裤类、公务场合的正装裤类、休闲场合的休闲裤类等。本书以版型学习为重心，以下详细讲解裤装造型的三大分类（图2-1）。

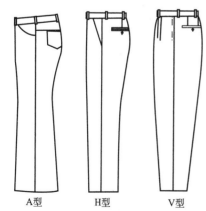

A型   H型   V型

图2-1　裤子造型分类

一、"A"型

A型裤多指喇叭裤，裤子的造型特征为臀部收紧，中裆上移并略加收紧，脚口外扩且向下延长，裤长加长，腰位略降，形成低腰款式（图 2-2）。

部位	裤长	臀围	腰围	立裆深	裤口	腰头
尺寸/cm	103	94	76	25	23	3

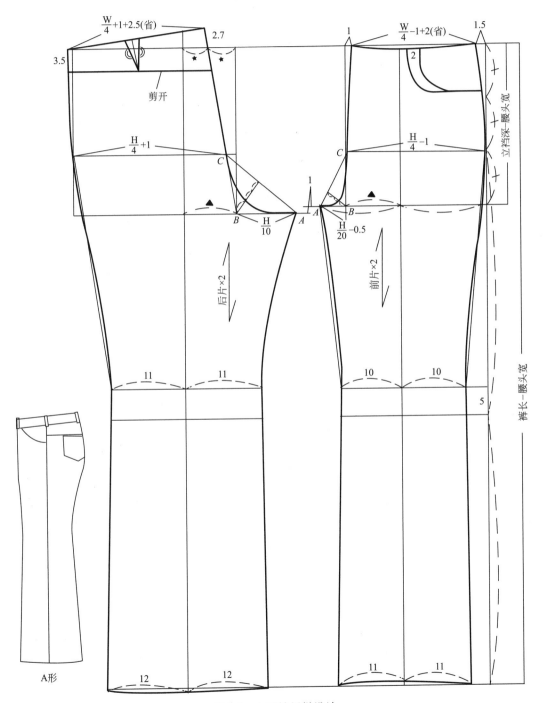

图 2-2　A 型裤纸样设计

二、"H"型

H 型又称直筒型，标准男西裤应用此造型最多（图 2-3）。

部位	裤长	臀围	腰围	立裆深	裤口	腰头
尺寸/cm	100	104	76	29	22	3.5

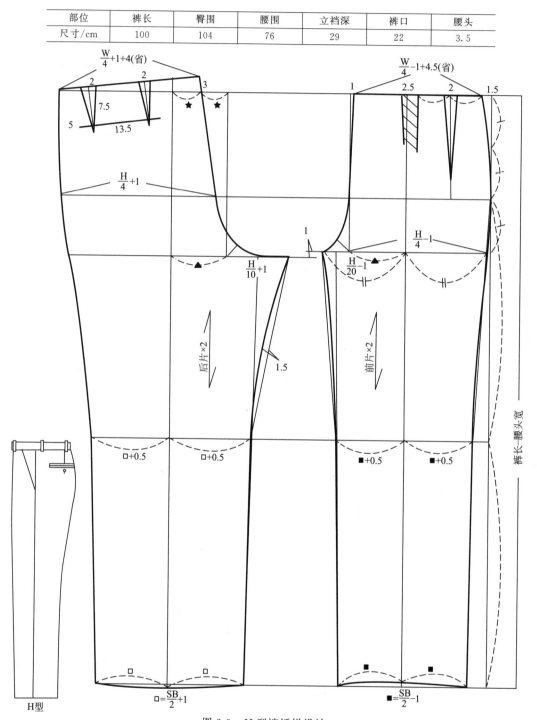

图 2-3 H 型裤纸样设计

三、"V"型

V型又叫锥形，其裤型特征为臀部外扩，中裆线下移，脚口收紧，如马裤等（图2-4）。

部位	裤长	臀围	腰围	立裆深	裤口	腰头
尺寸/cm	98	108	76	29	23	3

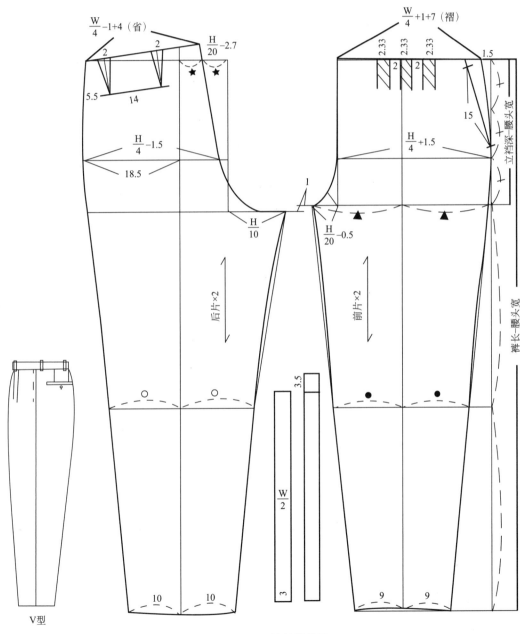

图2-4　V型裤纸样设计

第二节
裤子基本型制图

一、裤子各部位结构线名称

裤子各部位结构线名称见图 2-5。

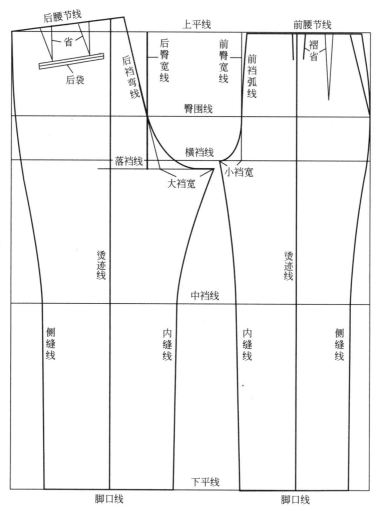

图 2-5　裤子各部位结构线名称

二、放松量参考值

放松量参考值见表 2-1。

表 2-1　放松量参考值　　　　　　单位：cm

造型 部位	紧身型	合体型	西裤	休闲裤	宽松型
腰围	2	2	2	2	2
臀围	4~6	10 左右	14~16	16~20	18 以上
立裆	0.5 以下	0.5 左右	0.5~1	1~1.5	1.5 左右
脚口	紧身裤 16~18	中号西裤 20 左右	小喇叭裤 25 左右	大喇叭裤 25~30	休闲、宽松裤 25 左右

三、基本型制图原理

裤子基础制图见图 2-6。

部位	裤长	臀围	腰围	裤口	腰头
尺寸/cm	100	94＋6 放松量	76	22	3.5

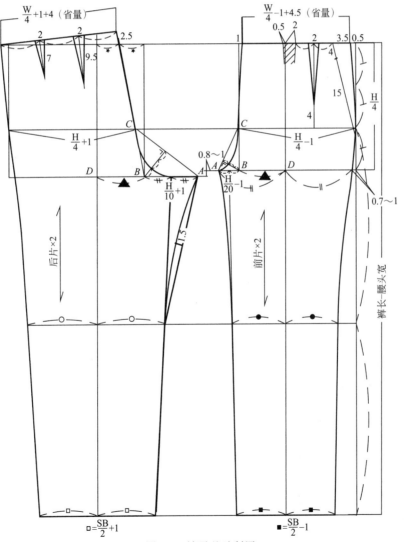

图 2-6　裤子基础制图

1. 前片绘制步骤

（1）上平线、下平线　裤长 100cm－腰头 3.5cm＝96.5cm。

（2）横裆线　上平线向下取 H/4＝25cm，画一条平行于上平线的直线。

（3）臀围线　上平线向下至横裆线，取其距离的 2/3 点，画一条平行于上平线的直线。

（4）中裆　取臀围线至脚口线的 1/2 点，画一条平行于上平线的直线。

（5）臀宽线　沿臀围线上 H/4－1＝24cm 取一点，经此点画一条上至上平线、下至臀围线的线段，此线段垂直于上平线和下平线。

（6）小裆宽　在横裆线上，从臀宽线向外取 H/20－1＝4cm。

（7）横裆点　横裆线与侧缝辅助线的交点，在交点处沿横裆线上 0.7～1cm 取一点。

（8）烫迹线（挺缝线）　沿横裆线取其从横裆点到小裆外侧端点这条线段的 1/2 点，经此点做上平线和下平线的垂线。

（9）脚口宽　在下平线与烫迹线的交点处，左右各取脚口宽 SB/2－1＝10cm。

（10）中裆宽　取小裆宽的 1/2 点向内缝线的脚口点做连线，此线与中裆线的交点就为中裆的宽度。以烫迹线为中轴，左右中裆尺寸相等，取外侧缝的中裆点。

（11）小裆弧线　从 B 点向 AC 线段做垂线，并将此垂线三等分，取外 1/3 等分点画小裆弧线。

（12）腰围宽　腰围/4－1＋4.5（省量）＝22.5cm。在上平线上，从侧缝线向内收 0.5cm 取一点，在上平线上从臀宽线向内收 1cm 取一点，剩余 22.5cm 作为腰部结构。

（13）圆顺腰点到臀围再到小裆弧线。

（14）连接外侧缝线　从腰部外侧点至臀围点，再至横裆点，然后中裆点到裤口宽点。

（15）连接内侧缝线　小裆外侧点至中裆点，再至裤口宽点。

（16）绘制后倒褶 3.5cm、腰省 2cm、兜 15cm。

2. 后片绘制步骤

（1）上平线、臀围线、中裆线、下平线　尺寸同前片。

（2）横裆线　在前片横裆线基础上，下落 0.8～1cm。

（3）大裆宽度　在新横裆线（落裆线）上取 H/10＋1＝11cm。

（4）烫迹线（挺缝线）　沿大裆内侧点向侧缝线方向取前片 BD 线段的长度，得到 D 点。经 D 点做上平线和下平线的垂线。

（5）后裆弯线　在上平线上，取烫迹线点与后中缝线点的 1/2。此点向大裆内侧点做连线，并将后腰上端向上延伸 2.5cm。

（6）后臀宽线　后裆斜线与臀围线的交点称为 C 点，从 C 点沿臀围线向身侧缝取 H/4＋1＝26cm。

（7）脚口宽　在下平线与烫迹线的交点处，左右各取脚口宽 SB/2＋1＝12cm。

（8）中裆宽　取大裆的 1/2 点向内缝的脚口点做连线，此线与中裆线的交点就为中裆的宽度。以烫迹线为中轴，左右中裆尺寸相等，取外侧缝的中裆点。

（9）大裆弧线　从 B 点向 AC 线段做垂线，并将此垂线三等分，取内 1/3 等分点，下至大裆宽中点，上至 C 点，连接大裆弧线。

（10）腰围宽　后腰中心起翘点向上平线做连线，长度为腰围/4＋1＋4（省量）＝24cm。

（11）连接外侧缝线　腰部外侧点至臀围点，再至中裆点，最后到裤口宽点。

（12）连接内侧缝线　大裆外侧点至中裆点，再至裤口宽点。

（13）绘制两个腰省各2cm。

第三节
裤子变化

一、口袋变化

口袋在设计的时候既可以注重它自身的功能性，又可以注重强调其装饰性。口袋在裤子上的应用非常广泛。口袋在缝制工艺上的种类也十分多，如贴袋、挖袋、插袋等；口袋上还可以加上拉链、刺绣等工艺将其制作成平面和立体两种（图2-7~图2-9）。

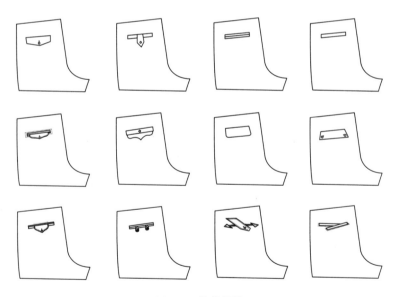

图2-7　挖袋设计

二、育克变化

育克在保有省功能的前提下，可以自由设计成直线或曲线、上弧、下弧、上折、下折等各种形式（图2-10）。

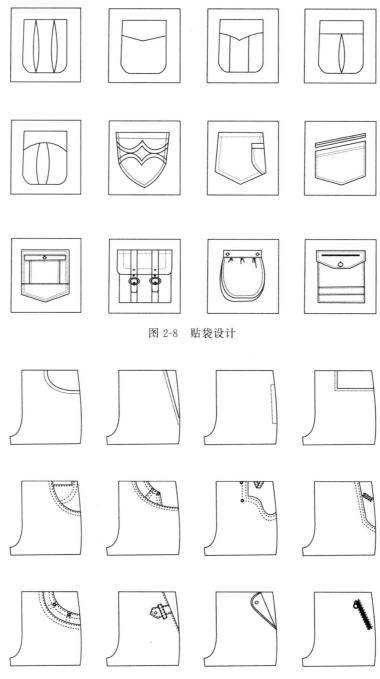

图 2-8　贴袋设计

图 2-9　插袋设计

三、腰头变化

根据款式的需求，腰头的变化也十分丰富，比如休闲款可绱松紧带或采用系带的形式，门襟式的除绱拉链外也可钉扣（图 2-11）。

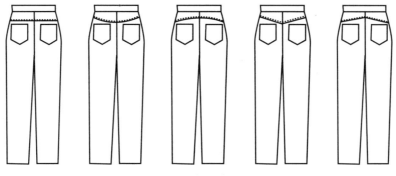

图 2-10　裤育克变化设计

图 2-11　裤腰头变化设计

四、裤口变化

现代裤装的裤口设计也丰富多彩，可以装拉链、使用调节扣、绱松紧带等，但这些元素多用于运动、休闲款式的裤子设计中（图 2-12）。

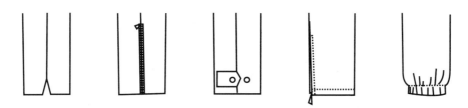

图 2-12　裤口变化设计

五、分割变化

裤分割变化设计见图 2-13。

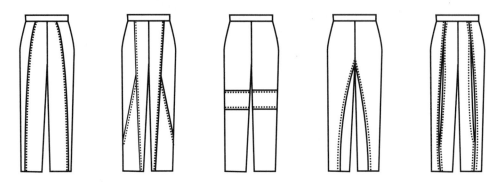

图 2-13　裤分割变化设计

六、综合变化

裤综合变化设计见图 2-14。

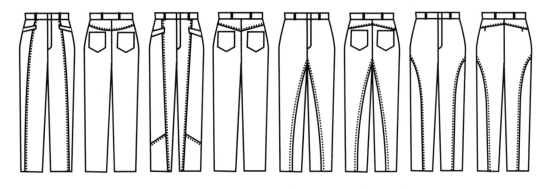

图 2-14　裤综合变化设计

第四节
男西裤制图与工艺流程

一、男西裤制图原理

男西裤各种规格见表 2-2～表 2-7。

表 2-2　男西裤规格（5·2系列）　单位：cm

成品规格　部位 ＼ 中间体	170/70Y	170/74A	170/84B	170/92C	分档数值
裤长	104	104	104	104	3
腰围	72	76	86	94	2
臀围	100	100	105	107	Y、A＝1.6　B、C＝1.4
设计依据	腰围＝型＋2		臀围加放量＝10		

表 2-3　男毛呢西裤规格系列表（5·2系列，Y体型）　单位：cm

成品规格　部位 ＼ 型		56	58	60	62	64	66	68	70	72	74	76	78	80	82	备注
腰围		58	60	62	64	66	68	70	72	74	76	78	80	82	84	① 以 170/70Y 为中间号型
臀围		88.8	90.4	92.0	93.6	95.2	96.8	98.4	100	101.6	103.2	104.8	106.4	108	109.6	② 腰围 2cm 分档
号	155			95	95	95	95	95	95							③ 臀围 1.6cm 分档
	160	98	98	98	98	98	98	98	98	98	98					④ 裤长 3cm 分档
	165	101	101	101	101	101	101	101	101	101	101	101	101			
	170	104	104	104	104	104	104	104	104	104	104	104	104	104	104	
	175			107	107	107	107	107	107	107	107	107	107	107	107	
	180				110	110	110	110	110	110	110	110	110	110	110	
	185							113	113	113	113	113	113	113	113	

表 2-4　男毛呢西裤规格系列表（5·2系列，A体型）　单位：cm

成品规格　部位 ＼ 型		56	58	60	62	64	66	68	70	72	74	76	78	80	82	84	86	88
腰围		58	60	62	64	66	68	70	72	74	76	78	80	82	84	86	88	90
臀围		85.6	87.2	88.8	90.4	92.0	93.6	95.2	96.8	98.4	100.0	101.6	103.2	104.8	106.4	108.0	109.6	111.2
号	155			95	95	95	95	95	95	95	95	95						
	160	98	98	98	98	98	98	98	98	98	98	98	98					
	165	101	101	101	101	101	101	101	101	101	101	101	101	101	101	101		
	170	104	104	104	104	104	104	104	104	104	104	104	104	104	104	104	104	104
	175			107	107	107	107	107	107	107	107	107	107	107	107	107	107	107
	180				110	110	110	110	110	110	110	110	110	110	110	110	110	110
	185							113	113	113	113	113	113	113	113	113	113	113
设计依据	裤长＝6/10 号＋2　　腰围＝型＋2　　臀围＝臀围（净体）＋10　　中间体＝170/74A　　臀围分档数值＝1.6																	

表 2-5　男毛呢西裤规格系列表（5·2系列，B体型）　　单位：cm

成品规格部位＼型	62	64	66	68	70	72	74	76	78	80	82	84	86	88	90	92	94	96	98	100
腰围	64	66	68	70	72	74	76	78	80	82	84	86	88	90	92	94	96	98	100	102
臀围	89.6	91.0	92.4	93.8	95.2	96.6	98.2	99.4	100.8	102.2	103.6	105.0	106.4	107.8	109.2	110.6	112.0	113.4	114.8	116.2
号　150	92	92	92	92	92	92	92	92												
155	95	95	95	95	95	95	95	95	95	95	95	95								
160	98	98	98	98	98	98	98	98	98	98	98	98	98	98						
165			101	101	101	101	101	101	101	101	101	101	101	101	101	101				
170					104	104	104	104	104	104	104	104	104	104	104	104	104	104		
175							107	107	107	107	107	107	107	107	107	107	107	107	107	107
180									111	111	111	111	111	111	111	111	111	111	111	111
185											114	114	114	114	114	114	114	114	114	114

设计依据　中间体为170/84B　腰围＝型＋2　臀围分档值＝1.4

表 2-6　男毛呢西裤规格系列表（5·2系列，C体型）　　单位：cm

成品规格部位＼型	70	72	74	76	78	80	82	84	86	88	90	92	94	96	98	100	102	104	106	108
腰围	72	74	76	78	80	82	84	86	88	90	92	94	96	98	100	102	104	106	108	110
臀围	91.6	93.0	94.4	95.8	97.2	98.6	100.0	101.4	102.8	104.2	105.6	107.0	108.4	109.8	111.2	112.6	114.0	115.4	116.8	118.2
号　150	91	91	91	91	91	91	91	91												
155	95	95	95	95	95	95	95	95	95	95	95	95								
160	98	98	98	98	98	98	98	98	98	98	98	98	98	98						
165			101	101	101	101	101	101	101	101	101	101	101	101	101	101				
170					104	104	104	104	104	104	104	104	104	104	104	104	104	104		
175							107	107	107	107	107	107	107	107	107	107	107	107	107	107
180									111	111	111	111	111	111	111	111	111	111	111	111
185											113	113	113	113	113	113	113	113	113	113

设计依据　中间体为170/92C　臀围＝臀围（净体）＋10　腰围分档数值＝2　臀围分档数值＝1.4

表 2-7　男裤不同造型规格设计　　　　　　　　　　单位：cm

部位	紧身型牛仔裤（A 型）	合体型西裤（H 型）	宽松型锥裤（V 型）
裤长	6/10 号－1	6/10 号	6/10 号－1
腰围	型＋（0～2）	型＋（0～2）	型＋（0～2）
臀围	腰围＋18 左右	腰围＋24 左右	腰围＋32 左右
直裆	1.2/10 号＋6.5 左右	1.2/10 号＋9 左右	1.2/10 号＋10.5 左右
脚口	依据流行自定	依据流行自定	依据流行自定

（一）西裤设计的特点

男西裤是男装中最典型的款式。西裤的裤边可以外翻，也可以不外翻，侧缝无须装饰，前身侧缝的口袋为斜插袋，又称西裤袋。西裤既可在正式场合穿着，又可在日常穿着，也可以与不同款式的上衣相搭配，因其搭配性、组合性、协调性较强，不同年龄、职业、体型的男士都可以穿，是一种较普遍的男士装束。其款式特点为直筒装腰裤，前门襟绱拉链，呈现出合体、挺拔的穿着效果。男西裤在细节设计上注重以下几点。

（1）裤长　从腰围向下 3cm 量至距地面 2～2.5cm 处。

（2）腰围　男子在穿裤子时，习惯腰头不卡在人体实际的腰位上，而是下落 3cm 左右。因此，净腰围尺寸需要加上 2cm。

（3）臀围　臀围的加放量主要由臀腰差控制，净臀围的加放量一般为 12～16cm。臀腰差大时，加放量偏大；臀腰差小时，加放量偏小。借此保证整体造型的流畅。

（4）立裆　腰位下落的基础上，在人体净立裆尺寸加放 1cm。

（5）中裆　中裆主要是起到使裤腿部的造型线条更加流畅的作用，尺寸略比裤口宽。

（6）裤口　采取略微收紧的造型设计。

标准男西裤成品规格见表 2-8。

表 2-8　标准男西裤成品规格　　　　　　　　　　单位：cm

部位	裤长	臀围	腰围	脚口	腰头宽
尺寸	100	90＋14 放松量	74＋2 放松量	22	3.5

（二）男西裤结构制图

男西裤样板设计见图 2-15。

1. 前片绘制步骤

（1）上平线、下平线　裤长 100cm－腰头 3.5cm＝96.5cm。

（2）横裆线　上平线向下取 H/4－1＝24cm，画一条平行于上平线的直线。

（3）臀围线　取上平线至横裆线的 2/3 点，画一条平行于上平线的直线。

（4）中裆线　取臀围线至脚口线的 1/2 点，画一条平行于上平线的直线。

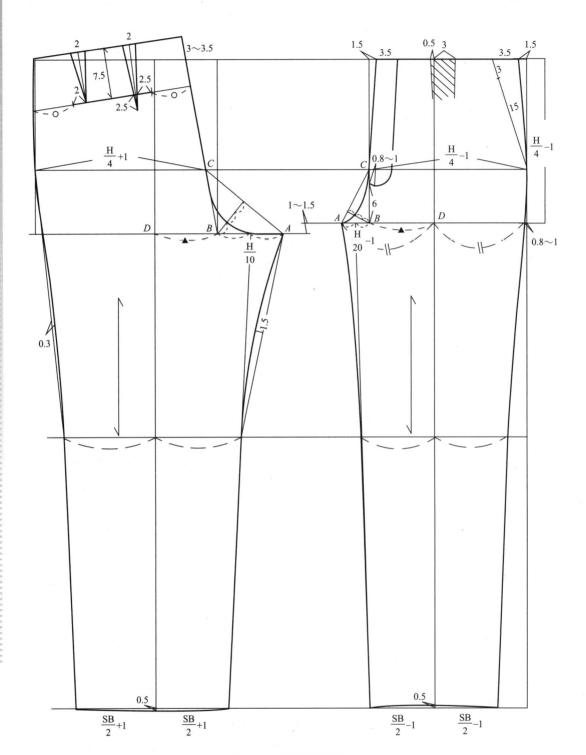

图 2-15　男西裤样板设计

（5）臀宽线 沿臀围线上 H/4－1＝24cm 取一点，经此点画一条上至上平线、下至臀围线的线段，此线段垂直于上平线和下平线。

（6）小裆宽 在横裆线上，从臀宽线向外取 H/20－1＝4cm。

（7）横裆点 横裆线与侧缝辅助线的交点，在交点处沿横裆线上 0.8～1cm 取一点。

（8）烫迹线（挺缝线） 沿横裆线取其从横裆点到小裆外侧端点这条线段的 1/2 点，经此点做上平线和下平线的垂线。

（9）脚口宽 在下平线与烫迹线的交点处，左右各取脚口宽 SB/2－1＝10cm。

（10）中裆宽 取小裆宽的 1/2 点向内缝线的脚口点做连线，此线与中裆线的交点就为中裆的宽度。以烫迹线为中轴，左右中裆尺寸相等，取外侧缝的中裆点。

（11）小裆弧线 从 B 点向 AC 线段做垂线，并将此垂线三等分，取外 1/3 等分点画小裆弧线。

（12）腰围宽 腰围/4－1＋5（褶量）＝23cm。在上平线上，从侧缝线向内收 1.5cm 取一点，在上平线上从臀宽线向内收 1.5cm 取一点，剩余 23cm 作为腰部结构。

（13）圆顺腰点到臀围再到小裆弧线。

（14）连接外侧缝线 从腰部外侧点至臀围点，再至横裆点，然后中裆点到裤口宽点。

（15）连接内侧缝线 小裆外侧点至中裆点，再至裤口宽点。

（16）绘制后倒褶 3.5cm、腰省 2cm、兜 15cm、门襟 3.5cm。

2. 后片绘制步骤

（1）上平线、臀围线、中裆线、下平线 尺寸同前片。

（2）横裆线 在前片横裆线基础上，下落 1～1.5cm。

（3）大裆宽度 在新横裆线（落裆线）上取 H/10＝10cm。

（4）烫迹线（挺缝线） 沿大裆内侧点向侧缝线方向取前片 BD 线段的长度，得到 D 点。经 D 点做上平线和下平线的垂线。

（5）后裆弯线 在上平线上，取烫迹线点与后中缝线点的 1/2。此点向大裆内侧点做连线，并将后腰上端向上延伸 3～3.5cm。

（6）后臀宽线 后裆斜线与臀围线的交点称为 C 点，从 C 点沿臀围线向身侧缝取 H/4＋1＝26cm。

（7）脚口宽 在下平线与烫迹线的交点处，左右各取脚口宽 SB/2＋1＝12cm。

（8）中裆宽 取大裆的 1/2 点向内缝的脚口点做连线，此线与中裆线的交点就为中裆的宽度。以烫迹线为中轴，左右中裆尺寸相等，取外侧缝的中裆点。

（9）大裆弧线 从 B 点向 AC 线段做垂线，并将此垂线三等分，取内 1/3 等分点，下至大裆宽中点，上至 C 点，连接大裆弧线。

（10）腰围宽 后腰中心起翘点向上平线做连线，长度为腰围/4＋1＋4（省量）＝24cm。

（11）连接外侧缝线 腰部外侧点至臀围点，再至中裆点，最后到裤口宽点。

（12）连接内侧缝线 大裆外侧点至中裆点，再至裤口宽点。

（13）绘制两个腰省各 2cm、袋 13.5cm。

男西裤面料放缝份以及辅料裁剪见图 2-16 和图 2-17。

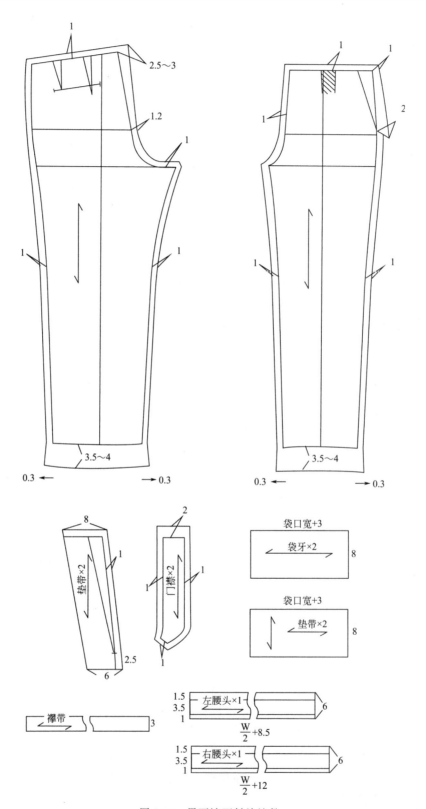

图 2-16　男西裤面料放缝份

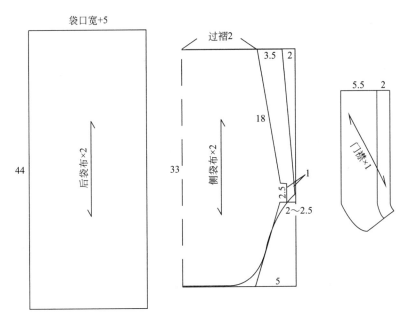

图 2-17　男西裤辅料裁剪

二、排料、裁剪

（一）面料

面料主要选用弹性好，有一定重量感、悬垂性好、光泽较柔和、外观丰满、挺括的纯毛精纺机织物、毛混精纺织物、纯化纤仿毛织物。夏季宜选择吸湿、干爽、精细的纯毛凡立丁、派力司、薄花呢及毛涤精纺面料等。春秋季宜选择平挺丰满、质地稍厚的面料，如纯毛及毛混纺的华达呢、哔叽、海力蒙、格呢、法兰绒和化纤仿毛织物等。

（二）面料、辅料用量

（1）面料用量　裤长＋10cm（幅宽144cm、150cm）。

（2）拉链　长20cm细齿拉链1条。

（3）无纺衬　20cm长。

（4）袋布　50cm长。

（5）硬腰衬（腰板衬）　腰围＋12cm。

（6）腰里子　腰围＋12cm。

（7）四合挂钩　1对。

（三）排料、裁剪时要注意的几个问题

1. 排料、裁剪时要注意的几个问题

① 前片裤中线必须与经纱保持平行；后片裤中线与经纱之间可略有偏差，但最大

不可超过 2cm。

　　② 当臀围尺寸大于 110cm 时，可以采取多买料或拼裆的方式进行排料。

　　③ 将纸样上的轮廓线、结构线都转移到布料上。

　　④ 按照结构线将线钉打好后再裁剪。

　　⑤ 将零、辅料裁剪好，注意纱向要求和规格尺寸。

　　⑥ 如为格子条纹面料注意对格对条问题。

　　⑦ 注意面料的倒顺向问题。

　　男西裤排料见图 2-18。

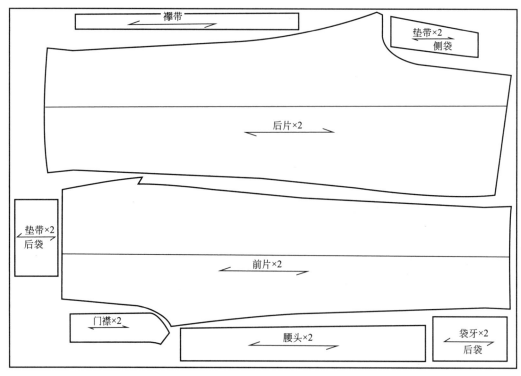

图 2-18　男西裤排料

　　2. 裁剪男西裤主料明细

　　（1）前片　1 对。

　　（2）后片　1 对。

　　（3）腰面　1 对。

　　（4）门襟　1 对。

　　（5）后兜牙　1 对。

　　（6）垫带布　后兜 1 对、侧袋 1 对。

　　（7）襻带　长 8.5cm/个，宽 4cm 直纱，90cm 以上的腰钉 8 个，90cm 以下的腰钉 6 个。

　　3. 裁剪男西裤辅料明细

　　（1）侧袋袋布　1 对。

（2）后袋袋布　1 对。

（3）门襟底襟　1 片。

三、制作流程

1. 打线钉

① 部位。裤中线、臀围线、立裆深线、中裆线、裤口折边线、口袋位、省位、褶位等。

② 打线钉的方法。不要直接打在净粉线上，可向外 0.2cm；短距离的直线，两端各打一针即可，弧线可适当多打几针；长距离的直线，间隔 20cm 左右打一针即可。

③ 注意线钉的长度应控制在 0.3cm 左右，过长的线钉容易脱落。

2. 码边

① 部位。四个裤片除腰口不码边外，其他都要码边，一般从腰口起进行码边，腰口部位留下，其他个别部件需要码边，如图 2-19 所示。

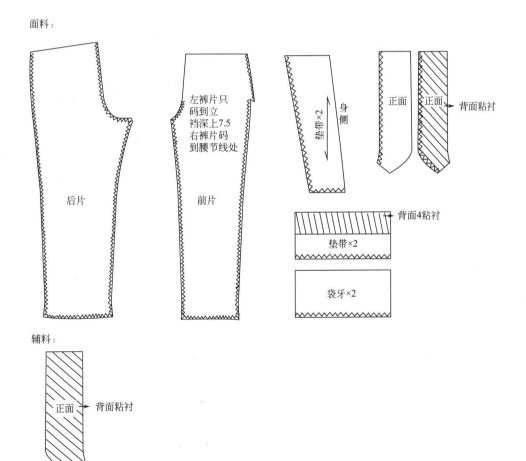

图 2-19　男西裤面料辅料码边

② 码边时，看着面料的正面进行，注意控制车速和面料的行进方向，防止刀切伤裤片。

③ 注意线的颜色和裤片的搭配，要求码边线的颜色最好顺面料颜色。

3. 缉省

注意缉省时的手法，从省根部开始缉省，可以打回针，缉到省尖处，一定要将省尖缉尖，不能打回针，要留出一条短线防止省尖炸开，省道线的形状要符合人体表面曲线形状。前、后省为倒缝，从反面看省向裆缝方向倒。

4. 做后袋

男西裤后袋一般多做成双牙袋，也有做单牙袋的。本章按双牙袋进行讲解。

（1）定袋位　在后裤片正片按线钉位置画好袋口位置。

通常情况下，袋口位于腰缝向下5～8cm的位置上。后裤片是一个省时，袋位在其中心，不露出袋口位。后裤片是两个省时，省距袋口两端位置要对称2～2.5cm，较长的一个省在后，长出2.5cm。

（2）将2cm宽×16cm长的无纺衬用大针码缉在袋布上，位置在兜布宽边一端中心向下1cm处，且粘胶粒朝上。

（3）将缉好无纺衬的袋布，用熨斗高温粘在袋位上（裤反面），袋开口部分要位于无纺衬的中心处，袋位左右一定要对称。

（4）扣袋牙

① 在兜牙反面粘满无纺衬，也可沿一侧宽口边向下粘一层4cm宽的无纺衬。

② 将粘有无纺衬的一面向反面方向扣1cm宽，再扣2cm宽。

③ 在1cm面，沿折边向内画0.5cm的牙宽线。

④ 在2cm面的反面，沿折边画0.5cm的牙宽线。

（5）将扣好的袋牙按照牙宽线缉在后裤片的袋位上　先将1cm面朝上折边方向即腰头方向缉0.5线，线段的起点和终点都需要倒回针固定住，线段长度正好是袋口的大小，然后沿线迹缉相对的另一牙宽线。注意缉线前要把上一边的缝份掀起，不要一起缉上。两条线段要保持平行状态，且长度要相等。

（6）开剪口　掀起袋牙两侧未合的缝份，先把袋牙沿中心1cm处剪开，然后将裤片同样沿裤口中心1cm处剪开，袋口两端1cm处开始剪成三角形。注意剪袋口时不能剪断缝袋牙的线，但也不能离缝线太远，要求有1～2根纱线的距离。

（7）封袋口两端的三角　将袋牙和袋布沿剪开的袋口翻转到反面。将袋牙两侧对齐并拉紧，沿三角的根部将其同袋牙封在一起。

（8）将垫布缉在袋布上。

（9）将袋布向上翻折，长度超出腰缝0.5cm。勾翻袋布缉1cm，后修剪成0.3cm。

（10）缉袋布两端的明线0.4～0.5cm宽。

（11）沿腰缝向下0.5cm，将腰缝和袋布缉合在一起。

5. 缝制前片、做插袋

（1）将垫袋布缉在袋布身侧一面的正面，摆放位置距边缘1cm。沿码边线车缝，下端预留2cm不缝。

（2）将裤片准备好，将 2cm 宽、长度为袋口长的无纺衬用大针码缉在斜插袋袋口位反面，粘胶粒朝上，之后将净袋口位扣烫好。

（3）将袋底在反面沿 0.5cm 缝份至距袋口止点 2cm 处倒回针缉好，然后翻转过来烫好。

（4）将袋布固定在袋口位的反面，用裤片将其包住，缉袋口明线 0.6cm，并做好袋口封印。

（5）将袋口两端固定。

（6）袋缉袋底明线。

6. 缝合侧缝、车缝下裆缝及圆裆缝

（1）缝合侧缝　将前、后裤片正面相对，前裤片在上，侧缝对齐，将后袋布掀起平缝前后侧缝，缝份 1cm。合缝后劈缝，要注意防止后片吃势过大，同时注意侧袋位的准确。将后袋布侧缝毛边内扣 1cm，与后片毛缝对齐压缝 0.2cm。

（2）车缝下裆缝　将前后片正面相对，前片在上，下裆缝对齐，平缝缉合，缝份 1cm。起止针倒回针。下裆缝是裤子的关键，缝得不好会产生链形吊紧，注意线松紧的控制，中裆以上部分要缉双线并重合，之后分烫缝份。

（3）缝合圆裆缝　将左裤管正面翻出，翻成反面朝外，将右裤管套在左裤管里面，正面相对。将圆裆合好，如果做两节腰，在后中心处要留出 10cm 的口缝至前门襟止口。注意裆底十字对准，后裆弯部位尽量拉大，之后劈缝熨烫（为加强后裆缝牢度，在净缝缉双线，一定要将两线重合或采用双线链缝机合裆）。

7. 缉拉链

缉拉链是裤子制作中的一个难点，缉得好坏，直接影响到裤子的外观质量和内在品质。缉拉链的方法很多，以下只是其中一种。

（1）装门襟　将门襟正面与左前裤片正面叠合，缉线 0.7～0.8cm 缝头，向门襟贴边方向坐倒，看门襟压缉 0.1cm 明线，门襟止口贴边坐倒 0.1cm。

（2）装里襟和里襟拉链　将右裤片的前裆缝按 1cm 扣净，防止露出拉链，上边按 1cm 扣净，接近臀高线时扣净 0.8cm。将拉链的面与里襟面正面相对，用手针固定，将里襟与拉链一起固定到右裤片上。将门襟搭到里襟上牵好，折起里襟，将门襟贴边与拉链缉合在一起，（找好位置，先缉 0.1cm 再缉 0.5cm 线，将其固定在左裤片上）后在左裤片正面缉 3.5cm 明线，封好小裆。

8. 扣腰头、缉腰头、锁钉

（1）做襻带、固定襻带　净规格（8～8.5)cm/根×（6～8）根。后立裆净缝左右各向内 2cm 处放 1 个，前裤中线上各放 1 个，前后襻带之间 1/2 处各放 1 个。将襻带反面朝上，距腰缝向下 0.5cm 的位置放好，再向下 0.3cm 缉上。

（2）做腰

① 腰面粘无纺衬，再粘树脂衬。上留 1.5cm，下留 1cm，上下扣净。

② 将腰面和腰里毛边一面缝合，缝头为 1.5cm。

③ 将缝头倒向腰里一面并缉 0.1cm 明线在腰里上。

（3）缉腰

① 先将襻带背面朝上，按要求位置距腰头向下 0.3cm 处放好，并在襻带向下 0.5cm 的位置缉缝上。

② 1cm 缝份绱腰面与裤片，缝份向上倒。

③ 封腰口。

（4）绱四合挂钩。

（5）正面在上，沿腰头缝合线沟里或台上缉线，将腰头固定，注意要把腰里外侧一层掀起不缝，只缝里面一层。

（6）缉襻带　沿腰缝下降 1cm 各缝合一道，将襻带向上翻起，钉缉到腰头上，可采取跪缝的方式。每道要打倒回针 3 道左右以免脱落。

（7）手针收尾。

9. 整熨

熨烫平服、无焦痕、无极光，整烫前先清除所有的线头，并盖上水布。

整烫顺序：烫分开缝—烫前后裆缝—烫袋口—烫腰头—烫省、褶—烫门襟、里襟、小裆、大裆—烫腰里、袋布—烫下裆缝—烫侧缝—烫前、后烫迹线。

10. 成品检查

① 检查裤腰、腰头的面、里、衬三层松紧是否适宜，裤腰是否平服、无褶皱。

② 检查裤子腰省、腰褶前后是否对称。

③ 检查袋口大小、高低左右是否一致，袋口是否有毛露出等问题。

④ 检查烫迹线是否顺直。

⑤ 检查裤子规格是否和给定的尺寸符合。

第三章
男西服的结构设计与缝制要领

第一节
男西服分类

西装分为日常装、外出服、商务和公务制服。由于它属于非礼服类，在穿用时间、场合和目的方面没有严格的划分。但其基本形式和组合方式具有程式性，即首先要了解西装三种格式的基本元素和构成形式，这是前提。它的变化在于着装者利用这种程式进行富有创造性的搭配组合和根据流行趋势进行小范围个性趣味的变通。

一、按功能分

1. 西服套装

将一种或多种面料、颜色、图案同时运用到西装上，由上衣和裤子组成的为两件套西装，由上衣、背心、裤子组成的称三件套西装。在造型上，西服套装基本延续了晨礼服的形制。从它诞生到现在经历了二百多年的历史，一直在不断地流行和完善，在20世纪20～30年代形成现代套装的原型，成为日常装的正统装束。套装提供了广泛的搭配和各种形式的选择，从正式到指导性的服装，即国际服。三件套西装构成的形式：上衣为两粒扣，八字领，圆摆，左胸有手巾袋，下边两侧设有夹袋盖的双嵌线衣袋，袖衩有三粒装饰扣，后身设开衩；背心的前襟有五粒或六粒纽扣，四个口袋对称设计；裤子是非翻脚或翻脚裤，侧斜插袋，后身臀部左右各有一袋，单嵌线或双嵌线，只在左边袋上设一粒扣，标准色为鼠灰色。在这个基础上，可以根据礼仪规格、习惯、流行、爱好进行组合和结构形式上的变通。两件套西装构成的形式：上下同色同材质面料组合，单排两粒或三粒扣八字领，双排四粒或六粒扣戗驳领或半戗驳领；夹袋盖或双嵌线衣袋；袖衩的装饰扣从一粒至四粒；后开衩可选择中开衩、明开衩、侧开衩和无开衩的设计。不同的面料、不同的目的也会产生不同风格的西服套装，但相同材质和颜色统一的特点不会改变。在套装中无论整体或局部如何搭配、变通，有一个原则是不变的，即西服套装越趋向礼服，颜色越深且越要整齐划一；相反，各元素组合则越自由，有夹克西装倾向。唯有运动西装在搭配上比较特殊。

2. 运动西装

按照国际社交习惯，运动西装称为布雷泽，上衣采用单排三粒扣西装形式，标准色为藏蓝色，配浅色细条格裤子为英国风格，面料采用较疏松的毛织物，配土黄卡其裤为国际通用风格。为增强运动气氛，金属扣为突出特征，袖衩装饰扣以两粒为准。明贴袋、明线是其工艺的基本特点。在这种程式要求下的局部变化和它相邻的包括西服套装、调和西装的元素都不拒绝，但在风格上强调亲切、愉快、自然的趣味。因此，形成了运动西装从礼服到便装可以自由组合的程式。运动西装的另一个突出特点是它的社团性，经常作为体育团体、俱乐部、职业公关人员、学校和公司职员的制服。它的形制基本是在军服基础上确立的。其象征性主要是，不同的社团采用不同标志的徽章，通常设在左胸部。徽章的设计和配置是很有讲究的，一般不能滥用，如对称、大面积使用都会破坏其功能。徽章的图案主要采用桂树叶作为衬托纹，这是根据古希腊在竞技中用桂树叶编制的王冠奖励胜利者，以象征胜利者举世无双而来的。社团的标志多以文字作为主纹样，格调高雅，要有一种团结奋进的精神，文字以拉丁文为主。徽章的造型分为象形型和几何型两类。

3. 调和西装

根据 TPO 的惯例，调和西装称为夹克，运动夹克、西装夹克的称谓也指此类服装。其中"运动"说明它的传统功能与运动有关；"西装"说明它的原始形制是从西方套装发展而来的，故其内涵是西装的便装版。这和我国所称的夹克有很大不同。相对应的名称用"休闲西装"更接近"调和西装"的含义。采用调和西装的提法，说明此类服装比上述两种西装更有变通性。如果说西服套装是正餐的话，调和西装便可称为快餐了。它的基本造型和运动西装相仿，但从面料到款式，适宜作为打高尔夫球、钓鱼、射击、骑马、郊游、打网球等运动着装。面料通常根据季节有所改变，冬季用粗纺呢，春、秋季多用薄型条格法兰绒，夏季则用棉麻织物。在男士经典服装中，调和西装是表情最为丰富的一种，它有很强的辐射力，在未来男装的发展趋势中，它所占有的比例将越来越大。因此，今天它不仅可以作为办公室中的实用性着装，还可以作为几乎完全脱离正统西装的搭配格式而无限延伸的服装。值得一提的是，调和西装作为男装经典之款，经过了多年的千锤百炼，有固定的模式，如平驳领三粒扣贴口袋配暖色粗纺呢是它常规的风格样式。它的搭配虽是自由的但不是无政府的，如果上衣是格子面料，裤子则采用净色，反之亦然。色调深浅也要拉开距离。因此有些禁忌还需要进一步了解，如从上衣的下摆可窥见衬衫的穿法，无论是有意或无意都被认为邋遢可笑的。休闲西装往往被认为肩宽阔、松度大、袖子长，总之是大尺寸的，款式也超出常规的变化。这无论用怎样偏袒的眼光来看，都不能认为是得体的，特别是作为白领男士的一种生存形象，不要因为"不得体"而丧失竞争的信心。但它可能是流行的，它仍然可以穿出品位，如细格衬衣、压花棕色皮鞋、狩猎领带等是讲究的夹克选择。

二、按轮廓分

以西装为主题流行的形式因素，其局部变化受到作为先决条件的轮廓形的制约。男装廓形有三种基本形式，即 H 形、X 形和 V 形。

① H 形在西装中指一般型，在外套中指箱型，总之，它是指一般的廓形。

② X 形表示有腰身的合体型系列，如廋型西装、柴斯特外套等。

③ V 形指强调肩宽、胸阔而收紧臀部和衣摆的廓形。

要构成这三种基本廓形的结构，除了对腰部、臀部和衣摆的收放比例关系进行处理以外，肩部造型的细微设计也是非常重要的。正常情况下，H 形的肩为原肩型，X 形的肩为翘肩型，V 形的肩为包肩型。由此构成了肩、腰、摆三位一体的造型关系：原肩型配合适当的收腰和衣摆形成了 H 形的流行主题；翘肩型配合明显的收腰与下摆构成了 X 形的流行风格；包肩型与直身小摆的结构相配合，说明是一种 V 形的流行主题。外套和户外服与之相配合，在结构上也有明显的处理方法，即 X 形以柴斯特外套和装袖结构为基础变通；H 形以巴尔玛外套和插肩袖结构为原型变通。户外服以 H 形、V 形和特别的 O 形作为流行主题。与此相配合的裤子也有筒形（H 形）、喇叭形（X 形）和锥形（V 形）三种廓形。总之，在分析判断流行廓形时必须综合考虑相配服装的廓形，否则会给人以张冠李戴的感觉。

第二节
男子上装原型制图

一、男上装各部位结构线名称

1. 上衣原型名称

横线包括前肩线、后肩线、腰围线和袖窿深线。竖线包括前中线、后中线、胸宽线、背宽线、前侧缝线和后侧缝线。主要曲线包括前领窝、后领窝、前袖窿曲线、后袖窿曲线，前后袖窿曲线之和为袖窿曲线（也称袖窿弧长，AH）。对应点有前颈点、后颈点、前侧颈点、后侧颈点、前肩点和后肩点（图 3-1）。

2. 袖子原型名称

横线包括落山线和肘线。竖线包括袖中线、袖山高线、前袖缝线和后袖缝线。主要曲线包括袖山曲线和袖口曲线。对应点包括袖顶点即肩点（图 3-2）。

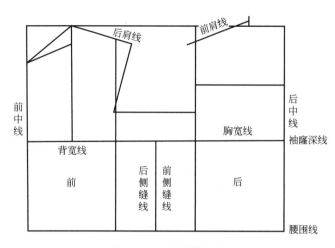

图 3-1   上衣原型名称

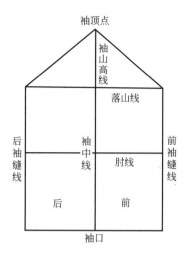

图 3-2   袖子原型名称

二、放松量参考值

1. 相似形放量

适用于正装的外套设计。外套的搭配穿法一般是由衬衣、背心、套装（西装）和外套一层层进行的，因此，外层和内层结构与放松量构成相似状态。如果将基本纸样理解为套装的主体结构及其放松量的话，当设计外套增加放量时就必须考虑内、外层的制约关系。一般情况下，外套（外层）的放量要大于套装（内层）的放量，最低不得小于10cm。相似形放量的另外一个特点是，围度放量和长度放量是成正比推进的。根据人体和结构变化的客观要求，胸围的放量规律对其他部位的放量具有关联作用。依据前紧后松的放量原则，胸围放量的比例分配最多的是后侧缝，其次是前侧缝，再次是后中缝和前中缝。这样操作起来仍难避免局部分配的主观性，故可以参照几何级数的分配方法。确定胸围放量比例后，根据"重后轻前"的放量原则和相似形的客观要求，可推导出长度的分配比例。长度增量部位有前、后肩升高，肩加宽，袖窿开深，后颈点升高，腰线下调等。肩升高量以前、后中缝放量为参数，根据放量原则，后肩大于前肩。如果前、后中缝总放量是2cm，前、后肩的分配比例为后肩：前肩＝1.5：0.5。注意2cm以下的参数没有可分性，直接把参数作为后肩升高量而前肩为0，如1.5：0、1：0等。前、后肩点加宽量取前、后中缝总放量的1/2；后颈点升高量以后肩升高量的1/2为准。这三个尺寸的增幅比例按相似形的造型要求不宜过大，否则会使后领口变形。袖窿开深依据的是相似形法则的原则公式，即侧缝放量减去肩升高量的1/2，按8cm胸围放量的分配比列（前后）侧缝放量是6cm，肩升高量是2cm，袖窿开深量就是6cm－1cm＝5cm，这时原腰线位置不适应袖窿开深的比例，故向下调整袖窿开深量的1/2（2.5cm）。最后将新的前后中线、侧缝线、肩线、后领口线和袖窿曲线参照基本纸样线形特征绘制出来。根据相似形放量原则，在此基础上重新确定袖山高和背宽横线，重新测量 AH 值，为相似形两片袖的设计提供新的必要参数。相似形两片袖的设计步骤和标准两片袖相同，只是参数改变了。定寸设计从小比例变成了大比例，定寸大比例设计的基准线以新的符合点数值为参照系。

2. 变形放量

适用于户外服设计。由于户外服比外套的穿法要自由自在得多，所以它不受里面服装的制约，如休闲衬衫的放量完全可以与外套相同，但休闲衬衫没有内层的制约而自身保持了宽松的结构。因此，变形放量也被视为无省结构设计，首先是将基本纸样中的撇胸量处理掉；其次是它的放量特点：一是不必考虑内穿服装的制约，二是采用宽松的直线结构。为了达到这一目的，变形放量设计应在相似形放量设计的基础上使围度放量整齐划一，即前、后侧缝放量相同，如 4：2：1：1 的排列变成 3：3：1：1，3.5：2：1：0.5 的排列变成 2.5：2.5：1：1 等。肩升高和后颈点升高的比例与相似形一样。肩加宽量比相似形大得多，这是变形结构的必然结果，它是随着侧缝放量的增加而增加的，推荐公式是侧缝放量/2＋1cm，如侧缝（前后）放量是 6cm，在后肩基础上加宽量为 3cm＋1cm＝4cm。前肩宽对应后肩宽截取。袖窿开深量是在相似形基础上追加后肩加宽量，公式表达为：侧缝放量－肩升高量/2＋后肩加宽量。根据 3：3：1：1 围度放量的比例，袖窿开深量就是 6cm－1cm＋4cm＝9cm。袖窿曲线修正成似抛物线，前、后片合并时应呈子弹形。这是变形袖的结构设计，比两片袖更趋于简单、完整。其袖山高的确定刚好与相似形袖设计相反，即基础袖山减去袖窿开深量。其他线形也趋于单纯平直。值得注意的是，变形放量的领口是随着放量的增加而增加的，这适用于休闲衬衣以外的户外服装纸样设计。休闲衬衣则将放大的领口还原成衬衣领口。从相似形和变形的放量设计分析来看，它们各自的袖山高的确定具有很强的规律性。基本袖山高是在基本纸样中直接获取；相似形袖山高是在基本袖山高的基础上加上该袖窿开深量获得；变形袖山高与此相反，是从基本纸样保持一致的复杂性，而变形纸样趋于单纯和完整，显然这是由于相似形纸样保持了合体的结构，变形纸样变成了宽松的结构。

3. 缩量

缩量的尺寸配比与放量相反。在基本纸样中围度的基本放松量只有 10cm，而且男装内衣类也要保持最低的必要放松量（8cm 左右）。因此，围度缩量的设计是很有限的，其缩量范围多集中在前身基本纸样上。长度缩量也只有在前肩线基础上向下平移，一般不超过 2cm。这种缩量设计常用在礼服背心和内穿衬衣品类中。值得注意的是，无论放量还是缩量的设计，都可能对袖窿和领口结构产生影响。因此在袖子结构设计中，要根据放松量的实际情况重新确认设计参数。领口的结构变化，虽然是在放、缩量的自然状态下形成的，但作为领子造型的特殊需要，往往要对领口稍加改动。

三、原型制图原理

1. 男装标准基本纸样特点与绘制方法

男装基本纸样在欧美和日本已经被广泛应用于男装纸样设计中。在制定标准时，它是以成年男子的标准体型为依据，以本民族的审美习惯为基础的。因此，各国的基本纸样都有其自身特点。所谓"男装标准基本纸样"是在日本文化服装学院提供的"男装原型"和英文版《男装成衣纸样剪裁》中提供的"男装基本纸样"的基础上加以完善得到的。其修正原则是以我国成年男性标准体和男装成衣的标准化、系统化和规范化为目的的，因此它具有不同于日本和英国男装基本纸样的特点。男装标准基本纸样在制图方位上，改变了我国服装行业男装采用以右半部分制图的传统习惯，这样更符合国际男装成衣以左襟搭右襟的标准。标准尺寸设定以净胸围为基础，以比例为原则，以定寸为补充来提供标准化程度。以胸围为基础确立的比例关系式的依据是人体自然的生理生长规律。因为在正常的人体生长规律中，胸廓的大小对臂膀和颈部有直接的影响，是以正比的形式生长的，即胸廓各结构组织越发达，臂膀和颈部各结构组织也就越发达。为此，基本纸样中比例原则的理论依据，产生于男装理想化和标准化造型的需要。科学的人体测定表明，世界上没有一对完全相同的人体，而人类学又表明人种或两性的群体中有着极其相似的生理条件和外观。根据这个理论基础，男装基本结构上的应用公式应具有既符合群体要求的因素，又能得到个体造型美的满足。这个特点在基本纸样的制图中反映得十分明显，也就是我们理解的标准化在其中的体现。理想化在基本纸样中主要表现在应用公式的有序性上。如图 3-3 中的 B/2、B/6、B/12，以及其他纸样中常用的 B/24、B/36，其中分母 6、12、24 为等比数列，而 12、24、36 又是等差数列，在造型学中它们均被称为"调和数列"。由于公式的规律性很强，更容易学习和记忆。同时，这些公式又为推板技术提供了基本的计算系统。在小的尺寸上也多采用由胸围制约的等比方法，如领孔、符合点的确定等，这些比例的应用在人体造型中都具有很高的美学和实用

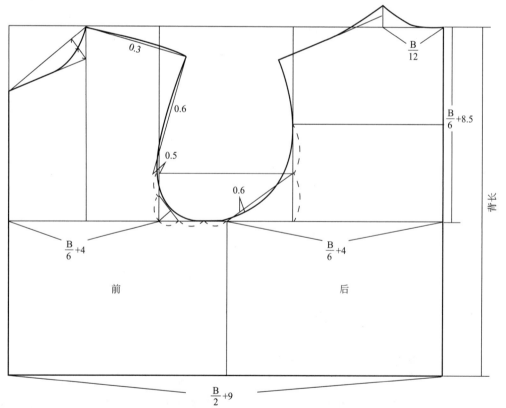

图 3-3　男装标准基本纸样

价值。基本纸样中的补充意义主要表现在定寸上。但是为了避免过多的人为因素，定寸的数值都会跟在主体公式的后边。更重要的是基本纸样的计算公式还具有推板功能，特别是围度公式，如 B/6 和 B/12。在推板中，通常以前、后中心线为 0 点；如果胸围的档差为 4cm，侧缝处于胸围的 1/4 处，推档值就是 4/4＝1cm；肩点根据基本纸样提供的公式，大约处于胸围的 1/6 处，肩点的推档值就是 4/6＝0.6cm；侧颈点则处于胸围的 1/12 处，侧颈点的推档值就是 4/12＝0.3cm。由此公式作为横向推板区域，当改变款式时，推板区域是相对不变的，各推板点可以纳入对应的区域计算出推档数值。由此，也可以推导出长度（纵向）的推板规律。基本纸样中某些关键公式的选择，还为后续的推板工作创造了良好的计算平台。因此，这些公式在后续各代的修订中都予以保留。

2. 第二代男装标准基本纸样

第一代男装标准基本纸样经过多年的使用和实践，产生了良好的效果。然而，随着人们生活方式和审美习惯的改变，流行的必然趋势和技术的不断进步，原有的基本纸样产生了不适应因素。总的来讲，从礼服到便装，都强调了宽松的造型环境和趋势，在技术上表现出细腻、机械化和规范化的特点。因此，基本纸样有必要在原有的基础上做适当的调整和改进。首先，围度尺寸的放量有所增加，由此而影响的其他尺寸相应发生变动。主体尺寸从 B/2＋9cm 改为 B/2＋10cm，使整个胸围的放松量增加了 2cm，与此对应的袖窿深公式从 B/6＋8.5cm 改为 B/6＋9cm。局部尺寸调整背宽量：背宽横线在背宽竖线交点向外从 0.5cm 增至 0.7cm。其次，在板型上亦做了相互的调整。靠前胸袖窿凹进点和上一代相同，直接利用袖窿深的 1/4 等分点凹进 0.5cm，符合点取袖窿深的1/8；后袖窿的右下角凹进点从 0.6cm 调整到 0.3cm。前肩凸起点从中点移至胸宽线与肩辅助线的交点，凸起量增至 0.5cm。前领扣凹进点从原来的 1/2 等分点下移到 1/3处。这种调整经过实践的验证，使工艺、板型、造型和体型更加协调美观。值得注意的是，新的基本纸样产生以后，并不意味着原有的基本纸样废除，它们只是不同的需要和历史的产物（图 3-4）。

3. 第三代男装标准基本纸样升级版

在第二代男装标准基本纸样信息反馈和技术分析的基础上，提出第三代男装标准基本纸样修订的方案。这个方案主要是对领口与肩宽的比例、后落肩差做了微调，以改善肩背的造型和舒适性。首先，在后领宽公式（B/12）的基础上增加 0.5cm，后领口其他尺寸也会有微小改变；其次，后落肩直接取后领宽的一半减去 0.5cm（●/2－0.5cm），使落肩有所减小，在此基础上冲肩量与上一代相同（2cm）。这样修订的结果：领宽变大，肩宽相对变小，后肩抬高量做同步调整，使肩背造型与舒适性有所改进（图 3-5）。与肩背微调相对应的前身结构也要做适应性调整。在第二代男装标准基本纸样的基础上前领口宽增加 0.5cm，前肩线与其他部分的绘制过程与上一代基本纸样相同。所谓第三代升级版，是将袖窿深公式从原来的 B/6＋9cm 调整为 B/6＋9.5cm。第二处微调是将袖窿最低点调整成前后片两个，前片最低点在靠近侧缝的 1/3 等分点上；后片最低点在靠近侧缝的 1/6 等分点上。注意，后面各章节和上衣纸样设计有关的内容均利用第三代升级版男装标准基本纸样。

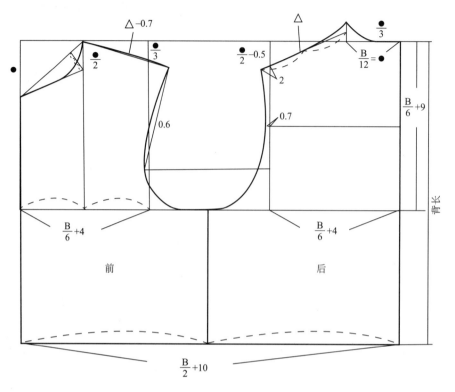

图 3-4　第二代男装标准基本纸样

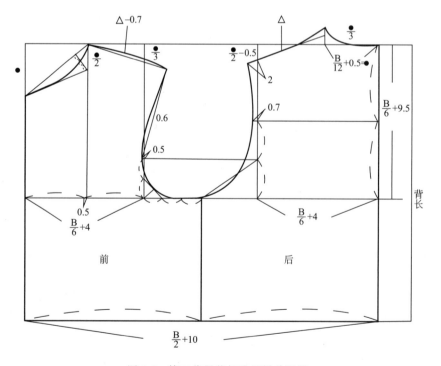

图 3-5　第三代男装标准纸样升级版

第三节
男西服结构变化

一、衣领结构设计

1. 立领原理

立领底线的长度是受领长制约的，换言之，就是领底线长度是相对稳定的。如果立领内角不变，要想领型有所变化，只有改变领底线的曲度，这样可以出现两种造型趋势。一是领底线向上弯曲，产生贴领的立领系列，造型呈台体。但是这种结构系列由于受颈部的阻碍，因此选择范围较小，或需要结合开大领孔来确定领底线向上的弯曲度。二是领底线向下弯曲，在造型上呈倒台体。另外，它还有一种特殊的结构变化，由于领底线向下弯曲，立领上口线大于领底线，这样很容易使上半部分翻折形成领面和领座两个部分，这就是立领造型结构的基本原理。而且领底线向下弯曲幅度越大，领面的面积就越大，这是立领众多变体结构中非常重要的规律。可见翻领结构就是立领结构的变体形式（图3-6）。

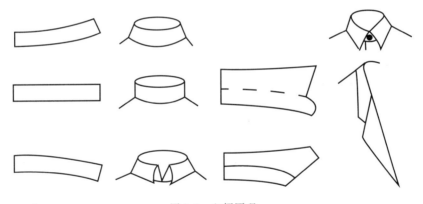

图3-6　立领原理

2. 翻领底线倒伏量关系式

在翻领纸样设计中，领面的大小和服帖程度与领底线的曲度有直接的关系。在翻领设计中，有两种基本造型需要考虑将领底线下弯曲度适当增大：一是翻领开襟点接近前颈窝时，因为开襟越小，领面外口线所需要的弧度和弧长越大；二是领面和领座的面积差较大时。当然也可能这两种造型同时出现，另外还有面料的伸缩性、领型的特殊要求等都有可能对领底线弯曲的设计产生影响。总之，领底线弯曲度的设计要综合考虑诸因素。根据可靠的定量分析，我们可以获得领底线弯曲度与翻领驳点、领面和领座之差的关系式。首先，通过颈侧点做垂直线认定为领底线零曲度状态。然后设领面为3.5cm、领座为2.5cm，两者差为1cm；设驳点在腰线上。这两个指标通常是西装翻领的标准。

通过颈侧点顺肩线延伸出领座（2.5cm）并由此连线到腰线的驳点，此线为驳口线。通过作驳口线的平行线所引出的领底线辅助线自然和最初做的垂直线在领后中的端点处形成开口，这里标 x 值，也就是由颈侧点所引出的领底线辅助线与垂直线的角距离。实验证明，驳点越高，x 值越大，倒伏量也就越小。如果把领面和领座的差也追加进去的话，就会产生它们的关系式，即倒伏量等于 x 值加上领面和领座之差，同时利用领面后宽（3.5cm）约等于翻领角（3.5cm＋0.5cm 或 3.5cm－0.5cm），翻领角小于驳领角 0.5cm（小于 4cm），串口线等于驳领角 3 倍的理想比例可以获得完全动态下的理想西装翻领［图 3-7(a)］。当我们设计外套翻领时，如连体巴尔玛领，驳点会有很大提高，领面和领座之差也会大幅增加，倒伏量也会产生与之相匹配的客观数值，它往往会对我们主观的经验值做出很科学的修正［图 3-7(b)］。这一关系式不论是对从立领到翻领，还是对从简单到复杂的翻领结构处理都具有指导意义和理论价值。

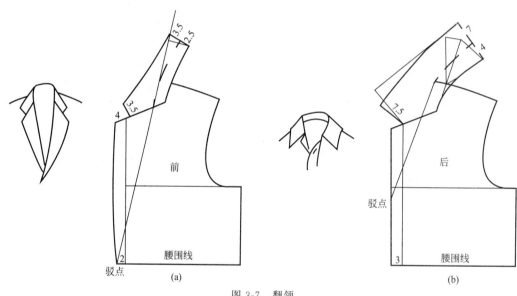

图 3-7　翻领

3. 从立领到翻领的复杂结构

　　无论是立领还是翻领，都有连体和分体的区别，后者为复杂结构。连体立领是由领底线向下弯曲所产生的领面和领座的连体结构，但它对于高端服装类型还不够理想。因为如果将人的颈部理解成几何体，是上细下粗的台体，只有将领底线向上弯曲时，才能和颈部这种结构相吻合。采用领底线向下弯曲虽然产生了领面，但颈部和领座之间会出现空隙而不服帖。因此，连体立领结构常用于不是十分合体的便装和简单成衣的设计中。如果将立领的领面和领座的结构分别设计，就解决了立领和颈部不服帖的问题。它在结构处理上仍然采用立领原理，将领座线向上弯曲，使其产生类似颈部的造型而变得服帖，领面底线则向下弯曲，其弯曲度和领座成反比，而产生领面翻折所需要的容量。图 3-8 就是立领中的最佳造型结构领座和领面各自底线相反方向的曲度。在分体立领结构设计中，一般是相同的。但在分体翻领设计中，由于造型和结构功能的需要，可以改变领面底线与领座连接的位置和各自底线曲度的比例关系，这是因为翻领的驳点和领面与领座之差处于变化状态，这时它们的关系式就起作用了。值得注意的是，结构合理的领面底线的下弯度只能大于领座底线的上翘度而不能相反，这时在领面底线下曲度环境下设计，应把 $x+n$（n 为领面和领座之差）的公式变成 $x+n+n^-$（n^- 为领座上曲值）。这在男装纸样设计中是极为普遍的，如巴尔玛领、风衣翻领、西装翻领等。分体的西装翻领要用分体翻领的关系式，不过这些情况通常都是面料的密度大或质地不能有效地利用归拔工艺的缘故。当然其他外套翻领也适用这个关系式（图 3-9）。

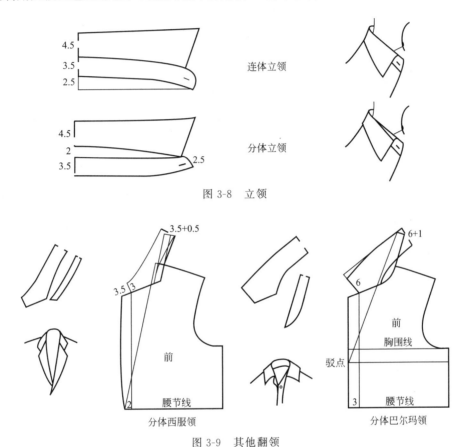

图 3-8　立领

图 3-9　其他翻领

二、袖子结构设计

1. 装袖纸样设计原理

如果说，上衣基本纸样构成了套装结构的主要内容，那么，根据上衣基本纸样参数设计的两片袖就是该套装的袖子纸样。上衣基本纸样中的袖窿弧长（AH）、符合点、袖窿深线和背宽横线为两片袖纸样的基本参数。设计时是从符合点开始，向上至后肩点下降 3cm 处做水平线，此线至袖窿深线之间为袖山高。符合点至背宽横线之间斜取 $AH/2-3cm$，确定为袖肥。垂直向上与袖顶线连接呈长方形，如图 3-10 所示。确定袖顶辅助点，从该点至符合点的垂直延长线上确定袖长并加 1.5cm，袖口宽可以用定寸（15cm），也可以采用长方形的横取袖肥 2/3 的比例，再回到背宽横线袖肥点连线，完成两片袖的基础线。在此基础上，设计大小袖片。从套装两片袖的纸样设计看，其在造型组合上有很强的合理性。首先，符合点是大、小袖前袖缝互补作用的基准点，即此点垂线两边大袖增加的部分在小袖中减掉，同时，符合点将袖子和袖窿的特定位置固定。其次，从大袖的顶点向后移1cm为肩符合点；大、小袖后袖缝上端点应和背宽横线与后袖窿线交点相吻合；小袖的后袖山线的形状由基本纸样的侧缝线上端引出至背宽横线上，由此控制了后袖山的活动量；基本纸样的袖窿深线在袖子上显示为落山线。这种自然的封闭式结构，使袖山和袖窿在组合上达到了良好的配伍效果。由此可见，两片袖纸样的设计依赖于基本纸样的结构和参数，基本纸样是很有实用价值的。从特定的两片袖纸样看，如果将大、小袖前后袖缝互补量回到零位，就可以展开成为有侧缝省的一片袖。如果很好地解读了从两片袖到一片袖的变化原理，就完全可以通过"直裁"方法获得有省的一片袖纸样。方法是通过符合点垂直引出的袖边线为一片袖前袖的翻的折线，袖肥点的垂线在袖口处往前移3cm，形成手臂的自然前屈度，并以此作为一片袖后袖的翻折线。以基本纸样的侧缝线作为一片袖的前后内缝线，按照前、后翻折线对称的形状复原完成一片袖纸样。由于从两片袖到一片袖演变的结构障碍，袖内缝线后比前长，这恰巧是肘省产生的自然规律。从结构上理解，两片袖变成一片袖可以说是合体袖的两种变现形式，故合体一片袖存在省是合乎情理的（图3-11）。根据这种结构发展的规律，很自然地就转化为男装袖子的基本纸样。这种结构状态和女装袖子的基本纸样很相似，将其纳入纸样设计原理，男装袖子基本纸样的变化规律仍取决于袖山起伏度对袖肥、袖贴体度的制约，即袖山越高，袖肥越小，袖贴体度越大而合体；相反，袖肥就越大，袖贴体度越小而宽松（图3-12）。

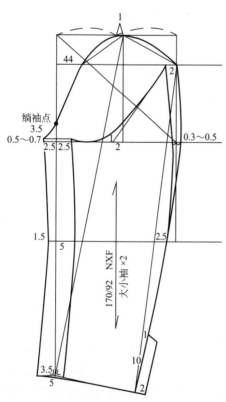

图 3-10　袖子纸样设计

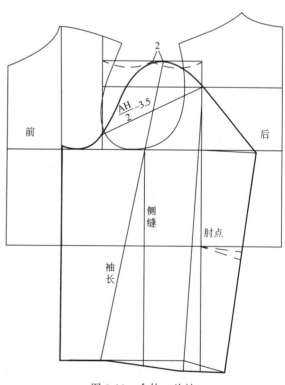

图 3-11　合体一片袖

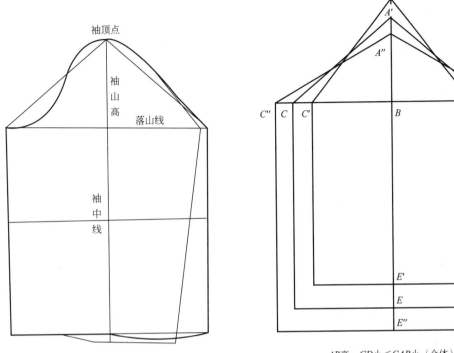

AB高：CD小＜CAB小（合体）
AB低：CD大＜CAB大（宽松）

图 3-12　男装袖子的基本纸样

2. 插肩袖纸样设计原理

　　男装袖型由装袖和插肩袖两大系列组成。如果两片袖作为装袖结构的基础，那么将袖山高度对袖肥和袖贴体度的制约原理应用到插肩袖纸样设计中，就可以掌握男装插肩袖设计的关键技术。要使插肩袖设计系统地应用袖子的结构原理，首先要从中性插肩袖开始，而在中性插肩袖结构中男装与女装又有所不同。根据男装的造型特点和功能要求，一般前袖中线的贴体度大于后袖中线的程度比女装更明显（男：前 1.5：后 0；女：前 1：后 0，图 3-13）。绘制方法是在前袖中线通过肩点所做的边长为 10cm 等腰直角三角形底边中点下移 1.5cm，后袖中线通过三角形底边的中点（图 3-13）。这是男性人体体型和运动机能所决定的，袖山采用基本袖山高。由中性贴体度和基本袖山高作为基本参数所完成的插肩袖，为中性插肩袖。在此基础上，降低袖山，意味着袖贴体度变小，袖肥增大，这时进入宽松状态。袖山高和袖窿深的关系在结构的合理性上是成反比的。因此，在宽松的插肩袖结构中，袖山自然减掉的部分也作为袖窿开深量，并由此确定袖肥和袖口尺寸。值得注意的是，在这种结构变化过程中，落山线始终和袖中线保持垂直，与袖窿线的原交叉点相对不变，这是构成插肩袖纸样变化规律的重要标志（图 3-13）。在形式上，插肩袖表明与衣身的互补程度和状态，当插肩袖与衣身互补程度达到极限时，就会形成袖子与衣身的连体结构，这是袖裆结构形成的机制。不过这种较合体的袖裆结构在男装设计中极为少见，更多的是将腋下重叠部分分解，在便装夹克和户外运动装上采用较宽松的袖裆结构。男装的袖裆结构几乎不在贴身造型中使用，因此袖中线的设计一般贴体度较小，但前袖中线倾斜的角度仍然小于后袖中线。在这种条件下，一般是在前后身设计放松量之后确定袖裆缝。故最后在所确定的前后侧缝与前后袖内缝完全吻合的情况下而自然形成的袖裆缝，才更具合理性。袖裆量的设计要根据活动量的大小加以选择，这在结构原理上恰好相反，即整体结构越宽松，袖裆量的设计就越小。因此越宽松意味着袖中线越不贴体，在整体结构上就具备了部分腋下活动量。当宽松达到一定程度时，袖裆量就完全可以在整体结构中得到补偿，如蝙蝠袖。当然，这还需要对结构习惯、造型要求和放松量等具体情况的综合考虑、灵活设计（图3-14）。

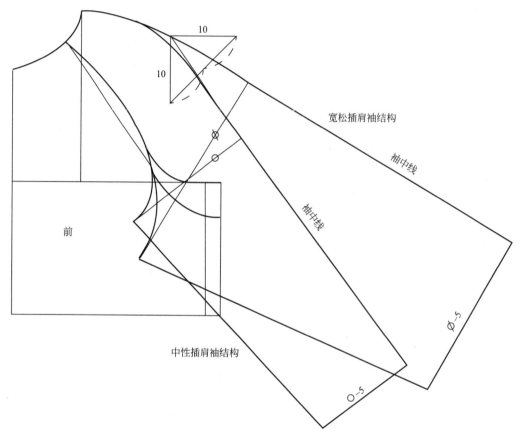

图 3-13   插肩袖结构

三、口袋结构设计

袋型受主题和袋型结构、面料性能的制约。例如，用较疏松的粗纺面料，不适合设计成开袋形式，因此当流行一种粗犷风格的服装时，也同时流行一种外观化的明袋、明线形式。西装口袋的流行方式也是如此。首先，胸部手巾袋切忌对称设计，因为它主要是作为礼仪的标志，当然在夹克式的西装中例外，如猎装。手巾袋的形状、角度略受流行影响，其流行的基本形式有角度较大而宽的船头型、小角度圆角型且两端有打结线、方角型两端明线或明线型及贴袋，这三种胸袋的流行说明运动型西装受青睐（图3-15）。大袋除

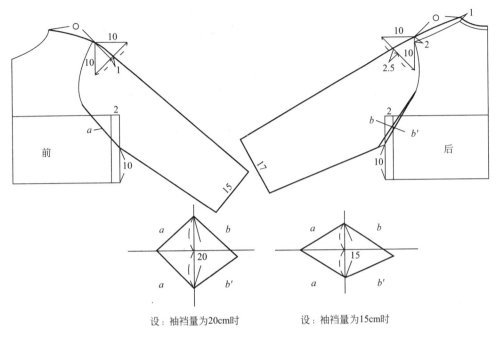

设：袖裆量为20cm时　　　　设：袖裆量为15cm时

图 3-14　袖裆量的设计

正统西装要求有袋盖和双嵌线的袋型外，其他的斜袋、明袋、褶袋、立体袋等袋型多在运动型西装、调和西装、外套和户外服中变通流行，通常以相似规格的程式组合来创造新的流行主题。例如，用运动型西装、调和西装、波鲁外套和达夫尔外套的袋型可以组合产生新的趣味，但它们不适合同礼仪性较强的西装和外套进行组合，因为这不符合男装程式化结合的特点。但有一种特殊的组合方式是可以灵活运用的，即礼服中的袋型形式可以运用在便装上，也就是说高级别服装元素向低级别流动容易，相反则要慎重，这既是流行规律，亦是设计规律。另外还要注意某些特别袋型的提示，如小钱袋是"崇英"的暗示，并要了解它原生态的表达习惯，即小钱袋要与有袋盖的双嵌线袋型组合设计，且只设在右侧，因为它与西服套装、柴斯特外套组合结构设计很恰当（图 3-16）。

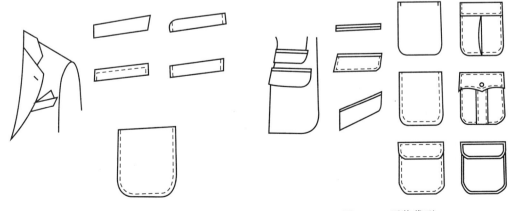

图 3-15　西装口袋型　　　　　　　　　图 3-16　西装袋型

第四节
男西服制图与工艺流程

表 3-1～表 3-6 列出了男西服各种规格及推算不同款式西服成品规格。

表 3-1　男西服规格（5·4 系列）　　　　单位：cm

成品规格 部位 / 中间体	170/88Y	170/88A	170/92B	170/96C	分档数值
衣长	74	74	74	74	2
胸围	106	106	110	114	4
袖长	59	59	59	59	1.5
总肩宽	45	44.6	45.4	46.2	1.2
设计依据	衣长＝2/5 号＋6	袖长＝3/10 号＋8	胸围＝型＋18		总肩宽＝肩宽（净体）＋1

表 3-2　男西服规格系列表（5·4 系列，Y 体型）　　　　单位：cm

成品规格 部位 / 型		76	80	84	88	92	96	100
胸围		94	98	102	106	110	114	118
总肩宽		41.4	42.6	43.8	45	46.2	47.4	48.6
号	155 衣长		68	68	68			
	155 袖长		54.5	54.5	54.5			
	160 衣长	70	70	70	70	70		
	160 袖长	56	56	56	56	56		
	165 衣长	72	72	72	72	72	72	
	165 袖长	57.5	57.5	57.5	57.5	57.5	57.5	
	170 衣长	74	74	74	74	74	74	74
	170 袖长	59	59	59	59	59	59	59
	175 衣长		76	76	76	76	76	76
	175 袖长		60.5	60.5	60.5	60.5	60.5	60.5
	180 衣长			78	78	78	78	78
	180 袖长			62	62	62	62	62
	185 衣长				80	80	80	80
	185 袖长				63.5	63.5	63.5	63.5

表 3-3　男西服规格系列表（5·4系列，A体型）　　　单位：cm

成品规格 部位		型 72	76	80	84	88	92	96	100
胸围		90	94	98	102	106	110	114	118
总肩宽		39.8	41	42.2	43.4	44.6	45.8	47	48.2
号 155	衣长		68	68	68	68			
	袖长		54.5	54.5	54.5	54.5			
160	衣长	70	70	70	70	70	70		
	袖长	56	56	56	56	56	56		
165	衣长	72	72	72	72	72	72	72	
	袖长	75.5	75.5	75.5	75.5	75.5	75.5	75.5	
170	衣长		74	74	74	74	74	74	74
	袖长		59	59	59	59	59	59	59
175	衣长			76	76	76	76	76	76
	袖长			60.5	60.5	60.5	60.5	60.5	60.5
180	衣长				78	78	78	78	78
	袖长				62	62	62	62	62
185	衣长					80	80	80	80
	袖长					63.5	63.5	63.5	63.5

表 3-4　男西服规格系列表（5·4系列，B体型）　　　单位：cm

成品规格 部位		型 72	76	80	84	88	92	96	100	104	108
胸围		90	94	98	102	106	110	114	118	122	126
总肩宽		39.4	40.6	41.8	43	44.2	45.4	46.6	47.8	49	50.2
号 150	衣长	66	66	66	66						
	袖长	53	53	53	53						
155	衣长	68	68	68	68	68	68				
	袖长	54.5	54.5	54.5	54.5	54.5	54.5				
160	衣长	70	70	70	70	70	70	70			
	袖长	56	56	56	56	56	56	56			
165	衣长		72	72	72	72	72	72	72		
	袖长		57.5	57.5	57.5	57.5	57.5	57.5	57.5		
170	衣长			74	74	74	74	74	74	74	
	袖长			59	59	59	59	59	59	59	
175	衣长				76	76	76	76	76	76	76
	袖长				60.5	60.5	60.5	60.5	60.5	60.5	60.5
180	衣长					78	78	78	78	78	78
	袖长					62	62	62	62	62	62
185	衣长					80	80	80	80	80	80
	袖长					63.5	63.5	63.5	63.5	63.5	63.5

表 3-5　男西服规格系列表（5·4 系列，C 体型）　　　　　单位：cm

成品规格部位 ＼ 型		76	80	84	88	92	96	100	104	108	112
胸围		94	98	102	106	110	114	118	122	126	130
总肩宽		40.2	41.4	42.6	43.8	45	46.2	47.4	58.6	49.8	51
号 150	衣长		66	66	66						
	袖长		53	53	53						
155	衣长	68	68	68	68	68	68				
	袖长	54.5	54.5	54.5	54.5	54.5	54.5				
160	衣长	70	70	70	70	70	70	70			
	袖长	56	56	56	56	56	56	56			
165	衣长	72	72	72	72	72	72	72	72		
	袖长	57.5	57.5	57.5	57.5	57.5	57.5	57.5	57.5		
170	衣长		74	74	74	74	74	74	74	74	
	袖长		59	59	59	59	59	59	59	59	
175	衣长			76	76	76	76	76	76	76	76
	袖长			60.5	60.5	60.5	60.5	60.5	60.5	60.5	60.5
180	衣长				78	78	78	78	78	78	78
	袖长				62	62	62	62	62	62	62
185	衣长					80	80	80	80	80	80
	袖长					63.5	63.5	63.5	63.5	63.5	63.5

表 3-6　推算不同款式西服成品规格　　　　　单位：cm

部位 ＼ 衣型		正装衬衫	短袖休闲衬衫	夏威夷衫
衣长	后中量	4/10 号 +6 左右	4/10 号 +6 左右	4/10 号 +5 左右
	前侧点量	4/10 号 +8 左右	4/10 号 +8 左右	4/10 号 +6.5 左右
肩宽	按净肩宽加放	+3.5 左右	+3 左右	+6 以上
	按成品胸围推	3/10 胸围 +14 左右	3/10 胸围 +15.4 左右	3/10 胸围 +16 左右
胸围		净胸围 +20 左右	净胸围 +13 左右	净胸围 +27 左右
袖长		3/10 号 +8.5 左右		

一、单排扣男西服制图原理

1. 款式结构

平驳头，单排扣，圆下摆，三个袋，两粒扣，装袖，袖口有开衩装三粒扣。

2. 面料与辅料

① 面料　无弹力机织面料。

② 里料　丝光布。

③ 衬料　无纺衬 0.5m，有纺衬 1m。

④ 纽扣　直径 1.8cm×2 粒，直径 1.1cm×8 粒。

3. 制图规格和制图公式、制图

（1）号型选择　170/92A。

（2）规格

部位	衣长	胸围	肩宽	袖长	翻领	领座
规格/cm	74	108	46	61	3.6	2.6

（3）公式

① 衣长为 74cm。

② 袖窿深线为 $B/5+4=25.6cm$。

③ 腰节线为 号$/4=42.5cm$（实测）。

④ 前领宽为 $B/12+1.5=10.5cm$。

⑤ 前领深为 $B/12-0.5=8.5cm$。

⑥ 后领宽为 $B/12-0.5=8.5cm$。

⑦ 后领深为 2.5cm。

⑧ 前落肩为 5.5∶2。

⑨ 后落肩为 6∶2。

⑩ 前胸宽为 $B/6+1.5=19.5cm$。

⑪ 后背宽为 $B/6+2.5=20.5cm$。

⑫ 前胸围大为 $B/3-0.5=35.5cm$。

⑬ 前后肩宽为 $S/2=23cm$。

⑭ 末扣位为 衣长$/3-1=23.7cm$。

⑮ 第一扣位为 衣长$/6-1=11cm$。

⑯ 袖窿起翘为 $B/20+0.5=5.9cm$。

⑰ 胸袋口宽为 $B/10=10.8cm$。

⑱ 大袋口宽为 $B/10+5=15.8cm$。

⑲ 袖山深为 $AH/3=18.5cm$。

⑳ 袖根肥为 $AH/2+0.5=28.3cm$。

㉑ 袖长为 袖长$-1=60cm$。

㉒ 辅助点为 $B/20-1=4.4cm$。

㉓ 袖口为 袖口$-1=B/10+4.5-1=14.3cm$。

（4）制图（图 3-17）。

二、双排扣男西服制图原理

1. 款式结构

戗驳头，双排扣，直下摆，三个袋，两粒扣，装袖，袖口有开衩装三粒扣。

2. 面料与辅料

① 面料　无弹力机织面料。

② 里料　丝光布。

③ 衬料　无纺衬 0.5m，有纺衬 1m。

④ 纽扣　直径 1.8cm×2 粒，直径 1.1cm×8 粒。

3. 制图规格和制图公式、制图

（1）号型选择　170/92A。

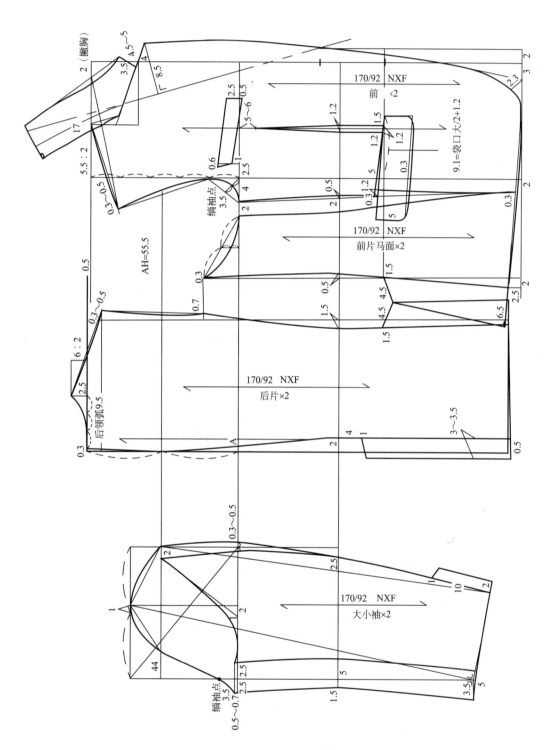

图 3-17　单排扣男西服制图原理

（2）规格

部位	衣长	胸围	肩宽	袖长	翻领	领座
规格/cm	74	108	46	61	3.6	2.6

（3）公式

① 衣长为74cm。

② 袖窿深线为B/5＋4＝25.6cm。

③ 腰节线为号/4＝42.5cm（实测）。

④ 前领宽为B/12＋1.5＝10.5cm。

⑤ 前领深为B/12＋3.5＝12.5cm。

⑥ 后领宽为B/12－0.5＝8.5cm。

⑦ 后领深为2.5cm。

⑧ 前落肩为5.5∶2。

⑨ 后落肩为6∶2。

⑩ 前胸宽为B/6＋1.5＝19.5cm。

⑪ 后背宽为B/6＋2.5＝20.5cm。

⑫ 前胸围大为B/3－0.5＝35.5cm。

⑬ 前后肩宽为S/2＝23cm。

⑭ 末扣位为衣长/3－1＝23.7cm。

⑮ 第一扣位为衣长/6－1＝11cm。

⑯ 袖窿起翘为B/20＋0.5＝5.9cm。

⑰ 胸袋口宽为B/10＝10.8cm。

⑱ 大袋口宽为B/10＋5＝15.8cm。

⑲ 袖山深为AH/3＝18.5cm。

⑳ 袖根肥为AH/2＋0.5＝28.3cm。

㉑ 袖长为袖长－1＝60cm。

㉒ 辅助点为B/20－1＝4.4cm。

㉓ 袖口为袖口－1＝B/10＋4.5－1＝14.3cm。

（4）制图（图3-18）。

三、男子中山装制图原理

1. 款式结构

关门领，单排扣，直下摆，四个贴袋，五粒扣，装袖，袖口有开衩装三粒扣。

2. 面料与辅料

① 面料　无弹力机织面料。

② 里料　丝光布。

③ 衬料　无纺衬0.5m，有纺衬1m。

④ 纽扣　直径1.8cm×9粒，直径1.1cm×6粒。

3. 制图规格和制图公式、制图

（1）号型选择　170/92A。

（2）规格

部位	衣长	胸围	肩宽	袖长	翻领	领座
规格/cm	70	108	46	61	4.5	3.5

（3）公式

① 衣长为70cm。

② 袖窿深线为B/5＋4＝25.6cm。

③ 腰节线为号/4＝42.5cm（实测）。

④ 前领宽为B/12＋1.5＝10.5cm。

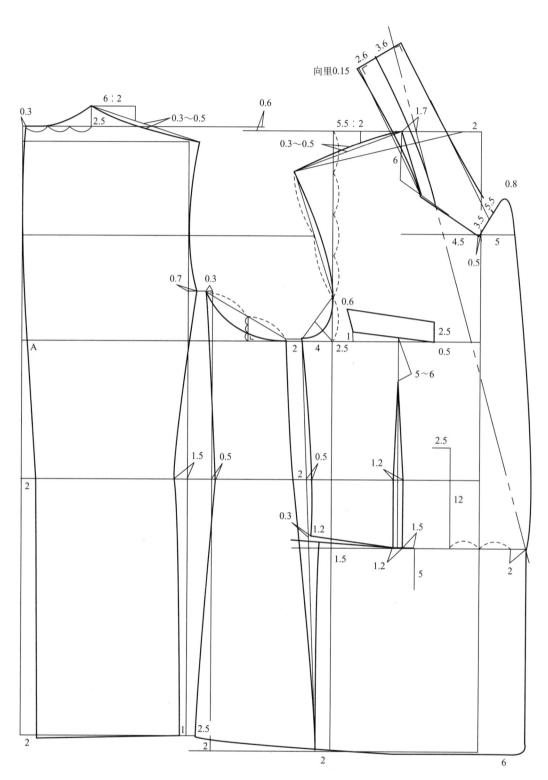

图 3-18　双排扣男西服制图原理

⑤ 前领深为 B/12+2.5=11.5cm。

⑥ 后领宽为 B/12-0.5=8.5cm。

⑦ 后领深为 2.5cm。

⑧ 前落肩为 5.5：2。

⑨ 后落肩为 6：2。

⑩ 前胸宽为 B/6+1.5=19.5cm。

⑪ 后背宽为 B/6+2.5=20.5cm。

⑫ 前胸围大为 B/3-0.5=35.5cm。

⑬ 前后肩宽为 S/2=23cm。

（4）制图（图3-19）。

⑭ 末扣位为腰节线向下 9cm。

⑮ 袖窿起翘为 B/20+0.5=5.9cm。

⑯ 胸袋口宽为 11cm。

⑰ 大袋口宽为 17cm。

⑱ 袖山深为 AH/3=18.5cm。

⑲ 袖根肥为 AH/2+0.5=28.3cm。

⑳ 袖长为袖长-1=60cm。

㉑ 辅助点为 B/20-1=4.4cm。

㉒ 袖口为袖口-1=B/10+4.5-1=14.3cm。

四、男子礼服制图原理

1. 款式结构

尖驳头，双排六粒装饰扣，斜下摆，左胸一个贴袋，装袖，袖口有开衩装四粒扣。

2. 面料与辅料

① 面料 无弹力机织面料。

② 里料 丝光布。

③ 衬料 无纺衬 0.5m，有纺衬 1m。

④ 纽扣 直径 1.8cm×8 粒，直径 1.1cm×6 粒。

3. 制图规格和制图公式、制图

（1）号型选择 170/92A。

（2）规格

部位	衣长	胸围	肩宽	袖长	翻领	领座
规格/cm	100	108	46	61	3.5	2.5

（3）公式

① 衣长为 100cm。

② 袖窿深线为 B/5+3=24.6cm。

③ 腰节线为号/4=42.5cm（实测）。

④ 前领宽为 B/12+1.5=10.5cm。

⑤ 前领深为 B/12+3.5=12.5cm。

⑥ 后领宽为 B/12-0.5=8.5cm。

⑦ 后领深为 2.5cm。

⑧ 前落肩为 5.5：2。

⑨ 后落肩为 6：2。

⑩ 前胸宽为 B/6+1.5=19.5cm。

⑪ 后背宽为 B/6+2.5=20.5cm。

⑫ 前胸围大为 B/3-0.5=35.5cm。

⑬ 前后肩宽为 S/2=23cm。

⑭ 袖窿起翘为 B/20=5.5cm。

⑮ 胸袋口宽为 B/10=10.8cm。

⑯ 袖山深为 AH/3=18.5cm。

⑰ 袖根肥为 AH/2=27.8cm。

⑱ 袖长为袖长-1=60cm。

⑲ 辅助点为 B/20-1=4.4cm。

⑳ 袖口为袖口-1=B/10+4.5-1=14.3cm。

（4）制图（图3-20）。

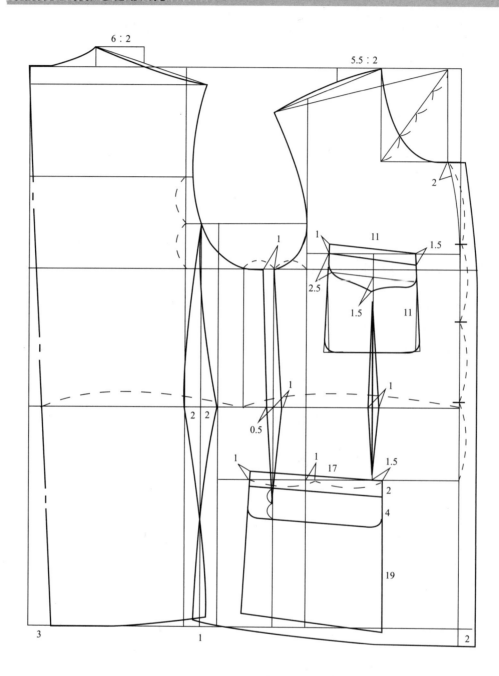

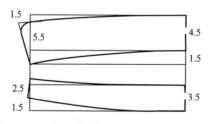

图 3-19　男子中山装制图原理

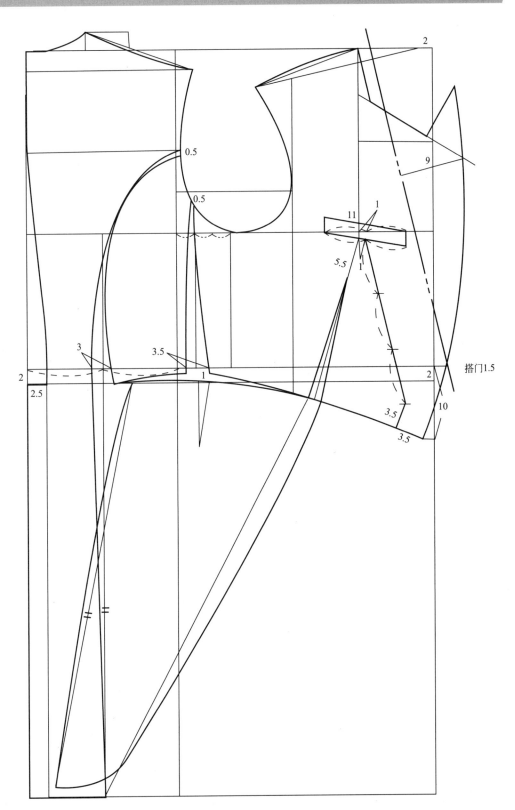

图 3-20　男子礼服制图原理

五、排料、裁剪

1. 裁剪方案的制定

（1）制定裁剪方案的意义　在服装生产中，面料实行成批裁剪，而每批产品的数量和规格是经常变化的。假如产品的数量不多，规格单一，裁剪则比较容易进行。举例来说，如果一批衬衣只生产一个规格，定额200件，那么只要把面料按一件衬衣的用料长度铺200层，然后进行裁剪就可以了。

（2）制定裁剪方案的原则

① 符合生产条件　生产条件是制定裁剪方案的主要依据，因此制定方案时，首先要了解生产这种服装产品所具备的各种生产条件，其中包括面料性能、裁剪设备情况、加工能力等。根据这些条件，确定铺料的最多层数和最大长度。

② 提高生产效率　提高生产效率就是要尽可能地节约人力、物力、时间。根据这一原则，制定裁剪方案时，应在生产条件许可范围内，尽量减少重复劳动，充分发挥人员和设备的能力。例如，减少床数就可以减少排料画样及裁剪的工作量，加快生产进度，从而提高生产效率。因此，制定方案时，一般应尽量减少床数。

③ 节约面料　裁剪方式对面料的消耗有影响。根据经验，几件进行套裁比只裁一件的面料利用率要高。因此，制定裁剪方案时，应考虑在条件许可的前提下尽量使每床多排几件，这样便能有效地节省面料，尤其对于批量大的产品，套裁更能显示其省料的优越性。

（3）裁剪方案的制定　在生产中，制定每批产品的裁剪方案，实际上就是对上述三个原则的灵活运用。

例：某批服装生产任务见下表，试确定裁剪方案。

生产任务表

规格	小号	中号	大号
件数	200	300	200

要完成这批裁剪任务，如果单从数字考虑，可以有许多种方案。例如下面所列的四种方案。

方案①：（1/小）×200，（1/中）×300，（1/大）×200

方案②：（1/小+1/大）×200，（1/中）×300

方案③：（1/小+1/大）×200，（2/中）×150

方案④：（1/小+1/中+1/大）×200，（1/中）×100

这四种方案各有特点。方案①，铺料长度短，占用裁床小，铺布较易进行。每个规格一次即可裁完，排料、裁剪都没有重复劳动，因此这个方案效率较高。方案②，是把方案①中的一床、三床合并为一床，减少了床数，进一步提高了效率。同时由于大小规格套裁，有利于节约面料，但增加了铺料长度，需要占用较大的裁床。方案③，是把方案②的中号单件裁剪改为两件套裁，更能充分节约面料。同时减少了铺布层数，有利于裁剪。但中号需要增加排料和裁剪的工作量，工作效率有所降低。方案④，为大、中、小号三件套裁，进一步提高了面料的利用率。但由于铺布长度较长，因此占用裁床多，操作也较困难。中号同样要经过两次裁剪，增加了重复劳动，效率较低。

从以上例子可以看出，制定裁剪方案首先要根据生产条件确定裁剪的限制条件，然后在条件许可的范围内，本着提高效率、节约用料、有利于生产的原则，根据生产任务的要求对不同规格的生产批量进行组合搭配。一般情况下，计划部门下达的生产任务，各规格之间生产批量都成一定比例，有一定规律，只要分析各规格数字之间的特点，便可以找出适当的搭配关系。在有不同搭配方案的情况下，通过分析比较，选择最理想的方案，即可完成裁剪方案的制定工作。

2. 排料画样

（1）排料画样的意义　排料和画样是进行铺料和裁剪的前提。不进行排料，就不知道用料的准确长度，铺料就无法进行。不进行画样，裁剪就没有依据，会造成很大浪费。因此，排料画样是裁剪工程中必不可少的一项工作。排料画样不仅为铺料裁剪提供依据，使这些工作能够顺利进行，而且对面料的消耗、裁剪的难易、服装的质量都有直接的影响，是一项技术很强的工艺操作。

（2）排料工艺

① 面料的正反面与衣片的对称。大多数服装面料是分正反面的，而服装制作的要求一般是使面料的正面作为服装的表面。同时，服装上许多衣片具有对称性，如上衣的衣袖、裤子的前片和后片等，都是左右对称的两片。因此，排料时就要注意既要保证面料正反一致，又要保证衣片的对称，避免出现"一顺"现象。

② 面料的方向性。服装面料是具有方向性的。服装面料的方向性表现在两个方面：其一为面料有经向与纬向之分，在服装制作中，面料的经向与纬向表现出不同的性能；其二为当从两个相反方向观看面料状态时，具有不同方向的特征和规律。

③ 面料的色差。由于印染过程中的技术问题，有些服装面料往往存在色差。例如，有的面料左右两边色泽不同，有的面料前后段色泽不同。前者称为边色差，后者称为段色差。

④ 对条格面料的处理。排料时除了按照服装制作工艺要求外，还要保证服装造型设计上的要求。这个原则主要表现在条格面料的排料中，即条格面料排料的对格问题。设计服装款式时，对于条格面料两片衣片相接时都有一定的设计要求。有的要求两片衣片相接后面料的条格连贯衔接，如同一片完整面料；有的要求两片衣片相接后条格对称；也有的要求两片衣片相接后条格相互呈一定角度等。除了相互连接的衣片外，有的衣片本身也要求面料的条格图案成对称状。

⑤ 节约用料。服装的成本，很大程度上在于面料的用量多少，而决定面料用量多少的关键又是排料方法。同样一套样板，由于排放的形式不同，所占的面积大小就会不同，也就是用料多少不同。根据经验，以下方法对提高面料利用率、节约用料是行之有效的：先大后小；紧密套排；缺口合拼；大小搭配。

（3）画样　排料的结果要通过画样绘制出裁剪图，以此作为裁剪工序的依据。画样的方式，在实际生产中有以下几种。

① 纸皮画样。排料在一张与面料幅宽相同的薄纸上进行，排好后用铅笔将每个样板的形状画在各自排定的部位，便得到一张排料图。

② 面料画样。将样板直接在面料上进行排料，排好后用画笔按样板形状画在面料上，铺布时将这块面料铺在最上层，按面料上画出的样板轮廓线进行裁剪。

③ 漏板画样。排料在一张与面料幅宽相同的厚纸上进行。排好后先用铅笔画出排料图，然后用针沿画出的轮廓线扎出密布的小孔，便得到一张由小孔组成的排料图，此排料图称为漏板。

④ 电子计算机画样。将样板形状输入电子计算机，利用电子计算机进行排料，排好后可由计算机控制的绘图机把结果自动绘制成排料图。

3. 辅料

（1）铺料的工艺技术要求

① 布面平整。铺料时必须使每层面料都十分平整，布面不能有褶皱、波纹、歪扭等情况。如果面料铺不平整，裁剪出的衣片与样板就会有较大误差，这势必会给缝制造成困难，而且还会影响服装的设计效果。

② 布边对齐。铺料时，要使每层面料的布边都上下垂直对齐，不能有参差错落的情况。如果布边不齐，裁剪时会使靠边的衣片不完整，造成裁剪废品。

③ 减小张力。要把成匹面料铺开，同时还要使表面平整、布边对齐，必然要对面料施加一定的作用力而使面料产生一定张力。

④ 方向一致。对于具有方向性的面料，铺料是应使各层面料保持同一方向。

⑤ 对正条格。对于具有条格的面料，为了达到服装缝制时对条格的要求，铺料时应使每层面料的条格上下对正。

⑥ 铺料长度要准确。铺料长度要以画样为依据，原则上应与排料图的长度一致。铺料长度不够，将造成裁剪部件不完整，给生产造成严重后果。

（2）铺料方法

① 识别布面。铺料前，首先应识别布面，包括区分正面和确定倒顺。只有正确地区分面料的正反面和方向性，才能按工艺要求正确地进行铺料。

② 铺料方式。生产铺料的方式主要有两种：一种为单向铺料；另一种为双向铺料。

a. 单向铺料。这种铺料方式是将各层面料的正面全部朝向一个方向（通常多为朝上），用这种方式铺料，面料只能沿一个方向展开，每层之间面料要剪开，因此工作效率较低。这种方式的特点是各层面料的方向一致。

b. 双向铺料。这种铺料方式是将面料一正一反交替展开；形成各层之间面与面相对，里与里相对。用这种方式铺料，面料可以沿两个方向连续展开，每层之间也不必剪开，因此工作效率比单向铺料高。这种方式的特点是各层面料的方向是相反的。

③ 布匹衔接。铺料过程中，每匹布铺到末端时不可能都正好铺完一层。为了充分利用原料，铺料时布匹之间需要在一层之中进行衔接。在什么部位衔接，衔接长度应为多少，这需要在铺料之前加以确定。

（3）铺料设备　目前，大多数服装厂是靠人工铺料的。人工铺料适应性强，无论何种面料，无论铺料长短，也无论用何种方式进行铺料，人工铺料都可以很好地完成。但是劳动强度大，不适应现代化生产的要求。服装生产中已经开始使用自动铺料机进行铺料作业。这种设备可以自动把面料展开，自动把布边对齐，自动控制面料的张力大小，自动剪断面料，基本代替了手工操作，使铺料实现了机械化、自动化。

4. 裁剪

（1）裁剪加工的方式及设备

① 电剪裁剪。这是目前服装生产中最为普遍的一种裁剪方式。首先要经过铺料，把面料以若干层整齐地铺在裁剪台（裁床上）。裁剪时，手推电动裁剪机使之在裁床上沿画样工序标的线迹运行，利用高速运动的裁刀将面料裁断。

② 台式裁剪。这种裁剪方式使用的设备是台式裁剪机。台式裁剪机是将宽度1cm左右的带状裁刀安装在一个裁剪台上，由电动机带动做连续循环运动。裁剪时，将铺好的面料靠近运动的带状裁刀，推动面料按要求的形状通过裁刀，面料便被切割成所需要的衣片。这种裁剪方式类似木材加工中用的电锯。使用这种裁剪方式，由于裁刀宽度较小，并且裁刀是连续不断地对面料进行切割，因此裁剪精确度较高，特别适于裁剪小片、凹凸比较多、形状复杂的衣片。但是由于设备较大，不具有电动裁剪机轻便灵活的特点，因此适用范围小。通常这种裁剪方式是与第一种裁剪方式配合使用的。

③ 冲压裁剪。在机械加工中，可利用冲床将金属材料冲压加工成需要的各种形状。将这种加工方式运用到服装裁剪中，便是冲压裁剪。采用这种裁剪方式，首先要按样板形状制成各种切割模具，将模具安装在冲压机上，利用冲压机产生的巨大压力，将面料按模具形状切割成所需要的衣片。

④ 非机械裁剪。以上几种裁剪方式均属于机械裁剪，是利用金属刀具对面料进行切割的。随着科学技术的发展，一些新技术也开始应用于服装生产，出现了一些新的裁剪方式。这种裁剪方式改变了传统的机械切割方式，而是利用光、电、水等其他能量对面料进行切割。

⑤ 钻孔机。裁剪过程中，为了便于缝制，需要把某些衣片相互组合的位置，如衬衣口袋与衣身前片的组合位置，作出准确的标记，一般采取打定位孔的方式。打定位孔使用的设备是电动钻孔机。利用钻孔机对面料打孔时，由于钻头高速旋转，温度高，作用剧烈，因此要注意面料的性能。耐热性差的面料、针织面料一般不宜使用电钻打孔。

（2）裁剪的工艺要求

① 裁剪精度。服装工业裁剪最主要的工艺要求是裁剪精度要高。所谓裁剪精度，一是指裁出的衣片与样板之间的误差大小；二是指各层衣片之间误差的大小。为保证衣片与样板一致，必须严格按照裁剪图上画出的轮廓线，使裁刀进行正确剪裁。要做到这一点，一要有高度的责任心，二要熟练掌握裁剪工具的使用方法，三要掌握正确的操作技术。

正确掌握操作技术规程应注意以下几点。

a. 应先裁较小衣片，后裁较大衣片。如果先裁完大片再裁小片，就不容易把握面料，给裁剪带来困难，造成裁剪不准。

b. 裁剪到拐角处，应从两个方向分别进刀而不应直接拐角，这样才能保证拐角处的精确度。

　　c. 左手压扶面料，用力要柔，不要用力过大过死，更不要向四周用力，以免使面料各层之间产生错动，造成衣片之间的误差。

　　d. 裁剪时要保持裁刀的垂直，否则将造成各层衣片间的误差。

　　e. 要保持裁刀始终锋利和清洁，否则裁片边缘会起毛，影响精确度。

　　② 裁刀的温度对裁剪质量的影响。服装裁剪中另一个重要问题是裁刀的温度与裁剪质量的关系问题。由于机械裁剪使用的是高速电剪，而且是多层面料一起裁剪，裁刀与面料之间因剧烈摩擦而产生大量热量使裁刀温度很高，对有些在高温下会变质或熔融的面料来说，所裁衣片的边缘会出现变色、发焦、粘连等现象，严重影响裁剪质量。裁剪黏合衬时，裁刀的高温也会使黏合剂熔化，粘到裁刀上使刀与布发生粘连，影响裁剪的顺利进行。因此裁剪时，控制裁刀的温度是非常重要的。对于耐热性能差的面料，应使用速度较低的裁剪设备，同时适当减少铺布层数，或者进行间歇操作，使裁刀上的热量能够散发，不致使温度升得过高。

　　（3）机械裁剪的原理

　　① 刀角与裁剪角。裁刀刀刃两侧所夹的角称为刀角（图 3-21）。刀角的大小影响刀的锋利程度。刀角越小，刀越锋利，面料被切割得越洁净，裁剪质量就越好。但是，刀角过小，会使刀刃的强度减弱，容易发生弯曲、磨损、断裂等现象，从而缩短裁刀的使用寿命，影响裁剪的顺利进行。因此，裁剪刀具应选择合适的刀角，一般在 15°～20°比较合理。

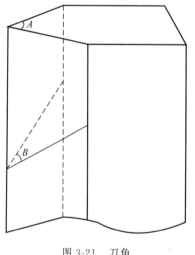

图 3-21　刀角

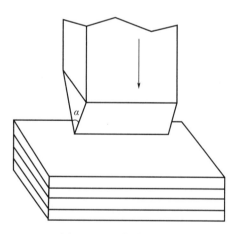

图 3-22　压力裁剪原理

　　② 压力裁剪原理。压力裁剪是一种最简单的切割方式，它除了用于冲压裁剪外，在许多缝纫机械中也有应用。例如包缝机、平缝机的切边机构，锁扣眼机、开口袋机的开口机构等。如图 3-22 所示，在冲压裁剪中，裁刀的运动方向垂直于面料，刀刃平行于面料，裁剪力的方向与裁刀的运动方向相同，因此裁剪角等于刀角 α。

　　③ 直刃电动裁剪机裁剪原理。用直刃电动裁剪机进行裁剪，是服装生产中常用的裁剪方式，它是由裁刀的垂直运动与水平运动组合实现的。这种裁剪方式中，裁剪角小于裁刀本身的刀角，是比较理想的裁剪方式。

5. 验片、打号、包扎

（1）验片　是对裁剪质量的检查，目的是将不合质量要求的衣片查出，避免残疵衣片投入缝制工序，影响生产的顺利进行和导致产品发生质量问题。

验片的内容与方法如下。

① 裁片与样板相比，检查各裁片是否与样板的尺寸、形状一致。

② 上下层裁片相比，检查各层裁片误差是否超过规定标准。

③ 检查刀口、定位孔位置是否准确、清楚，有无漏剪。

④ 检查对格对条是否准确。

⑤ 检查裁片边际是否光滑圆顺。

（2）打号　是把裁好的衣片按铺料的层次由第一层至最后一层打上顺序数码。在裁片上打顺序号，目的是避免服装上出现色差。因为面料在印染时很难保证各匹之间的颜色完全一致，有的甚至同一匹的前后段颜色也会有差别。如果用不同匹的裁片组成一件服装，各部位很可能会出现色差。在裁片上打了顺序号后，缝制过程中必须用同一号码的裁片组成一件服装，这样裁片就出自同一层面料，基本可以避免色差。打号还可避免半成品在生产过程中发生混乱，发现问题便于查对。

（3）包扎　为了使缝制工程顺利进行，裁剪后要对裁片进行包扎。在服装生产中，每批产品裁剪后都会产生几千片、几万片大小裁片，因此必须把这些裁片根据生产的需要合理地分组，然后捆扎好，输送到缝制车间，否则就会出现混乱，使生产不能顺利进行。

6. 电子计算机在裁剪工程中的应用

（1）利用电子计算机排料画样　排料画样是裁剪工程中的重要工序。长期以来靠操作人员的经验来寻求最优的排料方案，并且是在完全手工操作下进行的，因此劳动强度大，工作效率低。

① 样板形状输入。首先要将所需要裁剪的全部样板的形状输入计算机。输入方式有两种，即数字化仪输入方式和图形数据文件输入方式。

② 人机交互进行排料操作。应用计算机，操作者可以脱离裁床，坐在计算机前利用键盘或光笔在屏幕上进行排料，这样就彻底改变了原来长时间站立、行走、弯腰的劳动方式，大大减轻了劳动强度。

③ 绘制排料图。人机交互排料操作完成后，计算机可以控制绘图机将排料结果很快绘出 1∶1 的排料图，此图便可以作为裁剪时的依据。因此，计算机完全代替了手工画样工作。同时计算机还可以将结果打印成文件，作为技术资料，并把结果储存在计算机内。

（2）自动裁剪　是在电子计算机排料画样的基础上实现的。自动裁剪机有机械裁剪、激光裁剪和喷水裁剪等种类。现在采用较多的是机械裁剪机，也就是利用裁刀进行裁剪。

六、标准男西服制作流程

1. 西服里衬结构与缝制工艺

（1）里衬结构

① 大身衬。一般用在整幅前衣片上，故而又称全身衬，裁剪时可将门襟位止口修

剔（图 3-23）。大身衬的材料多采用毛型衬和普通黏合衬，其不影响面料手感，并使西装富有弹性，外观更加挺括。

②　前胸衬。主要置于胸部和肩部（图 3-24），目的是进一步增强胸部的饱满感和挺括感。前胸衬的材料多采用黑炭衬，因其具有弹性强的特点。对于毛料厚西装，亦可采用较厚的胸绒衬与黑炭衬共同组成前胸衬结构，从而增强西装的弹性与保暖性。

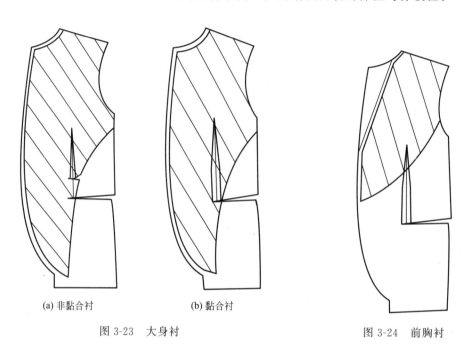

(a) 非黏合衬　　　　(b) 黏合衬

图 3-23　大身衬　　　　　　　　　　　　图 3-24　前胸衬

③　肩头衬。为了使西装肩部平服、挺括，可在肩部多采用一层马尾衬或黑炭衬，即肩头衬（图 3-25）。

图 3-25　肩头衬　　　　　　　图 3-26　机缝里衬

④ 其他部位用衬。为了改善西装的制作工艺，提高产品的质量，制作西装时还需要采用一些黏合衬，作为西装里衬结构的辅助衬。例如，领底衬、袋口衬、牵条衬、底边衬以及袖口衬等。

（2）里衬的缝制工艺

① 传统敷里衬方法。在早期的西装生产中，所用的大身衬、前胸衬、肩头衬等，普遍采用机缝里衬的方法（图3-26）。制作时，首先用人字线迹将三层里衬缝合，然后在身衬门襟位利用牵条与面料门襟止口固定，其余止口则缉缝在肩缝、袖窿及摆缝等止口上。此方法又称机缝里衬，原则上大部分里衬和衣身面料是分开的。其制作工艺虽然较为复杂，且工时成本较高，但里衬结构不影响面料手感，从而可大大提高西装质量，一般多用于高档西装制作。

② 现代压衬方法。随着热熔黏合衬的发展，其性能、手感与质量不断提高，大部分西装生产厂家已经很少采用机缝里衬的生产方法，而改用热熔黏合衬的制作工艺。针对布料的特性和西装要求，可选择不同性质的黏合衬。这一生产工艺不但提高了生产效率，而且保证了西装质量（图3-27）。在黏合衬的制作工艺中，里衬结构同样由大身衬、前胸衬及肩头衬等三部分组成。但在制作时不需要以人字线迹缝合，只需用黏合机或熨斗将三层里衬一起黏合在面料反面，即可完成整个里衬结构的制作工艺。此外，当采用多段黏合衬时，因为该衬本身已有不同的厚薄，以适合大身、胸、肩等部位压衬的要求，所以只需粘一层衬就可达到胸衬结构的效果，从而简化工序，节约工时。但是，这种多段衬成本较高，特别是由于衬的厚薄位置已定，用在不同号型的西装上，势必造成材料的浪费。因此，这也是多段衬未被全面推广的原因（图3-28）。采用黏合衬的制作工艺，虽然较为简便，但面料粘衬后，有时会影响其手感。

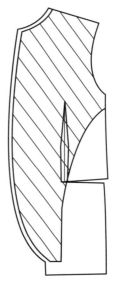

图 3-27　热熔黏合衬　　　　　　　图 3-28　黏合衬

③ 综合里衬结构的生产方法。为了简化西装制作工艺，降低生产成本，提高服装质量，很多厂家采用黏合衬和机缝衬的混合体作为前身里衬结构（图3-29）。制作时，

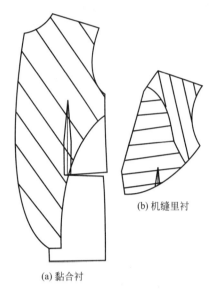

(b) 机缝里衬

(a) 黏合衬

图 3-29　综合里衬

大身衬采用热熔黏合衬处理，而胸衬和肩头衬则采用传统的机缝衬工艺进行制作。

以上几种西装里衬结构的制作工艺，各有优缺点，制作时必须根据自己的生产条件与产品的质量要求，选择适当的方法。

2. 西装零部件的缝制工艺

西装一般由衣片和零部件组合而成，常见的西装零部件有前身、胸衬结构、后身、里身、领子、袖子等。对各类零部件的缝制工艺和质量要求分述如下。

（1）前身缝制工艺

① 前身部件缝制。前身部件缝制的相关裁片有前衣片、侧身、大身衬等。

a. 压烫大身衬。将黏合衬裁片置于前衣片面料的反面，位置适当，然后利用黏合机完成。操作时要根据面料与黏合衬的特性，将黏合机的温度和压烫时间调节适当。

b. 定腰省、驳口线与袋位。利用样板，将驳口线的位置以及腰省的位置和大小，在前衣片反面标明；然后在前衣片正面标明左胸袋及侧袋的位置。操作时，左右位置要保持平衡、均匀。

c. 缉腰省缝。将前片正面朝上，沿着腰省中线对折，然后从腰节线到省尖以上 1cm 处垫一块宽 2cm 的原身布，并露出 0.7cm，再缉缝腰省。缉缝时，腰节处袋口位要回针，而省尖位要在距垫布条 1cm 处回针，以避免省尖位形成不平服现象，影响西装胸部外形。

d. 劈烫腰省缝。将腰省缝在腰节线以下剪开，并劈烫省缝，使之平服。

e. 合侧身摆缝。将前衣片与侧身正面相对，并对齐腰节线剪口位，以 1cm 止口进行缉缝。缉缝时，剪口位要对齐，避免上下层裁片出现长短不齐现象。

f. 劈烫侧身摆缝。用熨斗将止口劈烫，保持平服状态。熨烫时，腰节处要向外拉，使衣片丝缕顺直。

g. 敷袖窿及肩牵条。在前肩及袖窿止口位压烫牵条，压烫时，应将牵条拉紧，敷牵条主要是为了保证衣片不变形，以确保衣装的质量。此工序也可以缝牵条的形式处理，但止口要小于衣片缉缝止口。

② 手巾袋缝制。在手巾袋缝制中，除了具备主裁片左前衣片外，还有嵌带、嵌带衬及大小袋布等裁片。

a. 做手巾袋嵌带。首先，将裁好的嵌带衬均匀摆放在嵌带反面，用熨斗粘实。缉嵌带时，将嵌带沿着对折线面对面对折，用 1cm 止口缉缝两边。缉缝时，要控制好嵌带形状与尺寸，头尾回针。此外，也可以采用样板画位，控制嵌带形状与大小。最后，将嵌带两边止口修剔，进行翻烫。

b. 缉袋口线。首先，将嵌带与小袋布置于袋口下线，缉缝袋口下线；然后，将大袋布置于袋口上线，缉缝袋口上线。缉缝时，两行缝线要保持平行，且间距为 1.2cm。

c. 剪袋口、翻烫袋口线。在两行袋口缝线中间，将袋口剪开，两边剩余 1cm 肩三角位，并将袋布翻进前衣片反面，将嵌带与止口熨烫平服。

d. 固定袋口止口。先将小袋布止口和前衣身止口用暗线缉缝，再将大袋布翻出，并在袋口位缉明边线，固定袋口线。操作时，两端要回针，并把两边三角位放平。

e. 封袋布底边。将前衣片掀起，以 1cm 止口缉缝袋布底边。缉缝时，止口要均匀，头尾回针。

f. 缉袋角明边线。将袋嵌带摆平，用三角明边线缉缝嵌带边位。缉缝时，一定要把衣身三角位毛边封住，且嵌带要保持平服。

③ 侧口袋缝制。侧口袋缝制的相关裁片除了前身半成品外，还有袋盖面（面料）、袋盖里（里料）、嵌条、袋贴、袋布及袋盖衬与嵌条衬等。

a. 做侧口袋袋盖。将袋盖衬与嵌条均匀摆放在裁片反面，用熨斗压烫，使之平服，不易松脱。在缉袋盖时，先用样板在袋盖的反面画好正确的形状与大小，然后，袋盖里在下，袋盖面在上并对齐，沿着袋盖实线缉缝，头尾回针。缉缝时，要拉紧下层袋盖里，给袋盖面留有一定的放松量，以保证袋盖不外翘。最后，修剔止口，翻烫袋盖，使之保持平服状态。

b. 在袋布上缉袋贴边。将袋贴边与小袋布正面相对，在驳口处以 1cm 止口缝合，然后翻起袋贴，在小袋布驳口边缉一行明边线，头尾回针。

c. 缉袋口线。将袋嵌条与前衣片正面相对，对齐袋口线，用 0.3cm 的止口缉袋口线。缉缝时头尾回针，上下缝线要平行，间距为 0.8cm。

d. 剪袋口，翻烫袋嵌线。在上下袋口线中间，将袋口剪开，两端剪三角位。然后，将止口劈烫，并熨烫袋嵌线，使之均匀、服帖。袋嵌线宽度为 0.5cm，且上下宽窄均匀。

e. 缝袋嵌线止口。先将大袋布与嵌条下线正面相对缉缝，然后用暗线将嵌条下线止口固定。再将袋盖插入袋口，对好袋盖位置，小袋布（连袋贴）垫底，用暗线将嵌线上线止口及两边三角位固定。操作时，要控制好上下嵌线宽窄的均匀度以及袋盖尺寸。

f. 封袋布底边。将底边掀起，以 1cm 止口缝合袋布。缉缝时，止口要均匀，头尾回针。

④ 熨烫前身半成品。将前身半成品熨烫一次，如手巾袋、侧口袋以及摆缝等。熨烫时可用水布（烫布）垫在前衣片上，以免发生烫煳现象。

⑤ 检验。检查前身半成品的质量，如手巾袋是否平服，有无毛边现象，侧口袋是否左右对称，袋嵌线宽窄是否均匀，熨烫质量如何等。

（2）前胸衬结构缝制

① 缉前胸衬省缝。先将前胸衬在肩线中间剪开 8cm，并拉开 1cm 宽度，在底部垫一块 4cm×10cm 的黑炭衬，以人字线迹缝合。此肩省可将肩端位垫起，使肩部挺括。对于前胸衬的胸省处理，只需将胸省沿中线剪开，并重叠省位，以人字线迹缝合即可。

② 在前胸衬上缉肩头衬。将胸绒衬重叠在黑炭衬上面，再将肩头衬置于胸绒衬上，以人字线迹缝合。操作时，要对齐各层裁片的止口位置。

③ 敷驳口牵条。将牵条压烫在前胸衬半成品的驳口位上。压烫时，要拉紧牵条。

④ 在前身上敷驳口牵条。制作时，将前身半成品反面朝上，将前胸衬半成品置于

前身的正确位置，驳口线向内偏离0.5cm，以保证驳头的大小形状正确。在压烫牵条时，拉紧牵条的力度要适中，一般以缩容前身驳口线0.5cm为准，如果拉得太紧，会导致前身起皱。牵条黏合后，驳口可用手针以人字线迹的暗线形式做进一步的固定，以防止牵条脱落。

⑤扎临时固定线。利用专用机械或擦缝机将前胸衬结构临时擦缝固定，以防止前胸衬在以后的工序操作中移位或脱落。

（3）西装后身的缝制　后身缝制，需要后衣片、牵条、垫肩等零部件。其缝制步骤与工艺要点如下。

①敷后袖窿牵条。将牵条用熨斗压烫零部件，黏合在后袖窿止口的反面。压烫时，注意将牵条稍微拉紧一些，使袖窿保持平服状态。

②合背缝。将左右后衣片正面相对，用1cm止口将后背缝合。缉缝时，止口要均匀，头尾回针，并对齐腰节位剪口，以防止出现长短不齐现象。

③劈烫背缝。利用熨斗将后背缝劈烫平服，并推烫背部，把吃势拔向两边，进一步将后背中心烫圆滑。

④合侧身摆缝。将后身与侧身正面相对，对齐腰节位剪口，以1cm止口缝合。

⑤劈烫侧身摆缝。从底边摆缝处开始劈烫，在腰节处稍微拉拔，以保持平服状态。

⑥合肩缝。将前后身肩位正面相对，以1cm止口缉缝。缝合时，止口要保持均匀，头尾回针；后肩需缩容0.5cm，以便后肩能产生窝势，使穿着合身。

⑦劈烫肩缝。将衣身反面朝上，从领口向肩端方向劈烫肩缝。

⑧压烫底边衬。将衣身反面朝上，底边衬置于止口位，折起底边止口，压烫止口位，并保证底边圆顺。

⑨装垫肩。装垫肩时，首先分清垫肩的正反面，通常是前肩长、后肩短，一般是垫肩1/2处前移1cm为前肩，其余为后肩。制作时，先用手针将垫肩固定，也可将平缝机底线和面线张力同时调松，进行缉缝固定。

（4）西装里身缝制工艺

①前里身缝制。在缝制零部件之前，要准备的裁片有前里身、侧里身、挂面及挂面衬等。

a. 压烫挂面衬。将挂面反面朝上放在工作台上，然后将黏合衬铺在挂面的正确位置，用黏合机或熨斗将衬粘实。

b. 画挂面止口。用挂面样板将门襟止口、翻领与驳口位等位置标明，确保门襟的圆顺形状以及正确的翻领位置。

c. 在前里身上缉挂面。将挂面与前里身正面相对，以1cm止口缉缝，底边处剩余4cm不缝合，以方便后道工序处理底边。缉缝时，要对齐剪口位，止口均匀，头尾回针。

d. 合侧里身摆缝。将前里身与侧里身正面相对，以1cm止口缉缝摆缝。缉缝时，要对齐腰节位剪口，止口均匀，头尾回针。

e. 熨烫前里身。用熨斗将前里身半成品的线迹熨烫平服。熨烫时，将止口烫倒为一边。不需要劈烫，以增强线迹的受力程度并满足翻里的外观效果。

②里身内袋缝制。在里身内袋的缝制工艺中，应准备的裁片有袋嵌条、嵌条衬、

袋贴边、袋布及袋口纽襻等。

a. 定里身内袋位。将前里身半成品正面朝上，然后用样板或直尺标明里身内袋的正确位置与大小。

b. 压烫袋嵌条衬。将黏合衬置于袋嵌条反面，用熨斗粘实。

c. 缉袋嵌线与袋布。先将袋贴边与下袋嵌条缉缝在袋布上，再把上袋嵌条与下袋嵌条对齐袋口位，以 1cm 间距缉缝两行平行线。缉缝时，要控制好袋口的尺寸，并注意两行缝线始终保持平行。

d. 剪袋口、翻烫袋嵌线。在上下袋口线中间将袋口剪开，两端各剩余 1cm 剪三角位。然后，熨烫袋嵌线，上下嵌线宽窄要均匀、平服。

e. 制作纽襻。将纽襻布反面朝上，并取一块黏合衬剪成三角形，置于纽襻布的中间，用熨斗粘实，以保持形状并便于开扣眼。然后对折纽襻布，在中间缉直扣眼，再对折两角位置形成三角形，并熨烫定型，便完成了纽襻的制作。

f. 装纽襻。缉袋嵌明线，先将烫好的下嵌线缉一行明边线，头尾回针。然后将袋贴边垫在袋口下面，位置要端正，并将纽襻插入上嵌线与袋贴边之间，以明边线形式缉缝上嵌线及两端袋角位。缉缝时，注意边线要均匀，两端袋角不能出现毛边。

g. 封袋布底边。以 1cm 止口缉缝袋布底边，头尾回针。完成后，用熨斗将里身内袋熨烫平服。

③ 合并里身。在后里身与合并里身的缝制中，主要有以下工序。

a. 合里身背缝。将两片后里身正面相对，对齐后背，以 1cm 止口缝合。缉缝时，腰节处剪口要对齐，且止口均匀，头尾回针。

b. 熨烫里身背裥。用熨斗将里身背裥熨烫定型，并保持平服。

c. 合侧里身摆缝。将后里身与侧里身正面相对，对齐腰节位剪口，以 1cm 止口缉缝，缉缝时，止口要均匀，头尾回针。

d. 合里身肩缝。将里身前后肩线位置正面相对，以 1cm 止口缝合。缝合时，后肩需缩容 0.5cm，使之有一定窝势，以配合人的体型。

e. 熨烫里身。将里身肩缝、侧身摆缝等熨烫平服，止口无须劈烫，只需向一边烫倒，保持平服即可。

f. 中检。为了保证产品的质量，要做好生产中半成品的质量控制。包括检查里身内袋的工艺质量、各类线迹的均匀度以及尺寸是否符合要求等。

（5）西装领子的缝制

① 领面缝制。在领面缝制工艺中，相关的裁片有领面翻领、领面底领以及领衬等。

a. 压烫领面衬。将领面反面朝上，铺上领面衬，用熨斗粘实。

b. 缝合翻领线。将翻领与底领正面相对，对齐剪口位，以 0.5cm 止口缝合翻领线。缉缝时，止口要均匀，头尾回针。

c. 劈烫翻领线。先在翻领线弯位止口处剪若干剪口，使翻领更加平服，然后用熨斗烫止口。

d. 以明线缉驳口。将领面正面朝上，在驳口两边以边线形式各缉缝一行明线，以固定翻领线止口，确保翻领的效果。缉缝时，边线要保持均匀、平行，头尾回针。

e. 画领边止口。用样板将领边的止口与形状画清，以确保下道工序的质量。

② 领里缝制。缝制领里时，使用的裁片有领里、领里衬等。其缝制方法如下。

a. 压烫领里衬。在领里反面用熨斗将领里衬粘实。

b. 缉底领线。先将领里反面朝上，在翻领线下 0.2cm 处缝一带条，将翻领线缩容 0.6cm 长，以增强翻领效果；再将领底沿着长度方向缉缝多行平行线迹，并在高度方向缉缝 W 形线迹，以增强领底硬度，使领子挺括而美观。

c. 缝合领边线。将领子半成品正面朝上，领里边线搭齐领面边实线，然后以人字线迹缝合领边。缉缝时，领边实线要对齐，且中位剪口要对准，以避免扭领现象。

d. 熨烫领子。将领边翻好熨烫，使领子保持平服状态。

③ 绱领与合并衣身。将面身、里身、领子等半成品缝合完毕并检查是否妥当，即进行以下工序。

a. 在里身上绱领面。将领面与里身在领脚线位置正面相对，以 1cm 止口缉缝，且头尾回针。缉缝前，要对准领嘴位置、肩位以及后中位剪口，保持止口均匀。

b. 劈烫领脚线。为了使领脚线迹能保持平服，要先在急弯位剪若干个剪口，然后用熨斗劈烫止口。

c. 在衣身上绱领里。将领里平搭面身领脚线 1cm 止口，并对齐领嘴、肩位及后中剪口等位置，然后用人字线迹缝合。缉缝时，要对准各剪口位，保持止口均匀；否则，会造成扭领现象，影响西装质量。

d. 缝合门襟。将里身与面身正面相对，对齐门襟位置，然后沿着已标明的实线缝合。缝合时，要对齐驳口位剪口，上下层不能出现长短不齐现象，头尾回针，且注意左右门襟对称。

e. 修剔止口、翻烫门襟。为了使门襟翻烫平服，首先修剔多余止口，然后将衣身正面翻出，用熨斗将门襟熨烫平服。熨烫时，不要出现上、下层不齐现象。

f. 缲领嘴。将两端领嘴按实线位置向领里扣倒，用手针以人字线迹固定。操作时，左右领嘴要保持对称。

g. 缝合底边。将面身与里身正面相对，对齐底边，以 1cm 止口缝合。缉缝时，要对齐面身与里身各对应的线迹，保持止口均匀，头尾回针。

h. 熨烫衣身。用熨斗将领子、驳口、门襟、底边以及里身等初步熨烫定型。

i. 缲前摆底边。在缝合里身与挂面时，底边处剩余 3~4cm 不缝合，是为了方便缝合底边。最后，要用手针将其缲缝。

j. 中检。完成绱领与衣身合并工序后，要进行中检，主要检查领子、门襟及底边等质量。如领子外形、驳口位置是否准确，左右门襟是否对称以及熨烫效果如何等。如未达到要求，则必须返工。

（6）袖子的缝制

① 面身袖缝制。西装一般为两片袖，缝制时用的裁片有大袖、小袖及袖口衬等。

a. 压烫袖口衬。将大小袖反面朝上，使袖口衬置于袖口与袖衩位的正确位置，用熨斗粘实即可。

b. 缉后袖缝。将大小袖正面相对，以 1cm 止口缉缝到袖衩位。缉缝时，要对齐剪口位，使大袖缩容 0.8cm，以增加后袖的容位。

c. 劈烫后袖缝。先在袖衩位的小袖处剪剪口，再劈烫止口。操作时，要一边归拔一边劈烫，袖子才能产生较强的立体感且外形美观，符合人的手臂弯曲度。

d. 做袖衩。先把大袖衩位以 45°角面对面对折，对准剪口位绀缝，并将止口叠好，翻出正面，熨烫平服。再将小袖衩位沿着袖口线面对面对折，以 1cm 止口缝合，头尾回针。最后缝合袖衩边位。完成后，将袖衩翻好，熨烫平服。缝制时，剪口位置要准确对齐，保持止口均匀，以避免袖衩高低错位。

e. 绀前袖缝。将大小袖正面相对，对齐剪口位，以 1cm 止口绀缝前袖缝，头尾回针。

f. 容袖头。利用容袖头机，以 0.5cm 止口，将袖头缩容，使袖山大小与袖窿大小相等，且左右袖头要对称。

g. 熨烫面身袖。用袖烫板和熨斗劈烫袖缝，且在袖头处喷少量蒸汽，使容位分配均匀，保持袖头的圆顺。熨烫时，要使整个袖子平服。

② 里身袖缝制。缝制里身袖的裁片主要有大袖里与小袖里。

a. 绀里身袖缝。将大小里身袖正面相对，以 1cm 止口绀缝前后袖缝。绀缝时，要对齐相应的剪口位，保持止口均匀，头尾回针。

b. 熨烫里身缝。将里身袖前后袖缝烫倒为一边。熨烫时，可采用袖烫板作辅助，使袖劈更加平服。

c. 容里身袖头。利用容袖头机，以 0.5cm 止口，将里身袖头缩容，且左右对称，止口均匀。

d. 合袖口缝。将面身袖与里身袖正面相对，对齐袖口位，以 1cm 止口缝合。绀缝时，要对齐面身袖与里身袖的前后袖缝，且保持止口均匀。

e. 熨烫袖子。利用袖烫板，将袖口里身 1cm 容位熨烫定型，使整个袖子平服。

f. 中检。在绱袖之前，要检测袖山大小与袖窿大小是否相等，左右袖是否对称，袖衩位置高低等。

③ 绱袖工序。在绱袖工序中，除了准备好衣身半成品与袖子半成品外，每个袖还要准备一块 4cm 宽的纵纹原身布条，亦称弹袖。绱袖工序如下。

a. 绱面身袖。先将里身与面身反面相对，捋平袖窿位置，且对齐止口与相应的剪口位，以 0.5cm 止口绀缝袖窿，达到固定袖窿止口的作用，这样可以便于绱袖的操作。对齐剪口位，袖位前后要准确，袖头容位均匀、前后圆顺、左右一致，以 1cm 止口绀缝。

b. 绀弹袖。为了使袖头更加圆顺、丰满，可将弹袖垫于面身袖的袖头反面，重合线迹绀缝。

c. 熨烫袖头。熨烫袖头时，用蒸汽使袖头充分定型后，用手将袖头捋圆顺。

d. 中检。主要检查左右袖是否对称，整体效果如何，袖弯势是否偏前或偏后，袖头是否圆顺、饱满。

e. 缲缝里身袖窿。从袖窿底位开始，将袖山 1cm 止口向反面翻入，盖住袖窿线迹，一边用手针缲缝，一边翻入袖山止口，直至完成整个袖窿的缲缝。操作时，要对齐剪口位，以避免出现扭袖现象。

第四章
男衬衫款式设计

第一节
男衬衫的分类

在男装中，衬衫往往和西装一同出现。因为衬衫在装束中总处于衬托的地位，所以有时会被随便拿来就穿，这是男士们在着装中要尽量避免的。衬衫虽然属内衣类，但往往成为人们评价修养的依据，如穿三件套西装配花格子衬衫就会显得素养不高。因此，对衬衫的分类和搭配等知识的了解也是很有必要的。

一、按穿着场合分

男衬衫最大的特点是它与外衣和饰物在一定程式化规范下的组合，从正式场合到非正式场合大体划分出普通衬衫和礼服衬衫两种类型。这主要是在衬衫的特定部位加以区别，即使变通处理也是在基本结构形式的基础上进行的。

普通衬衫的领型是由领座和领面构成的企领结构，肩部有育克。前襟明搭门六粒纽扣，左胸一贴袋，衣摆呈前短后长的圆形摆，后身设有过肩线固定和前门襟对应的明褶。袖头为圆角，连接剑形明袖衩。这作为衬衫的一般形式应用范围很广，在没有礼仪的特别要求下，从礼服到便装几乎都可以使用。根据礼仪规格和程式化的要求，需要改变的主要部位是领型、前胸和袖头。

礼服衬衫又分为晚礼服衬衫和日间礼服衬衫。

燕尾服所使用的衬衫为礼服衬衫，是双翼领，前胸有 U 形胸挡，用树脂材料制成，整装后平坦美观。前襟有六粒纽扣，胸部三粒扣由珍珠或贵金属单独制成。袖头采用双层翻折结构，并用双面链式扣系合。与此相似的前胸采用劈褶或波浪装饰褶的双翼领或普通企领衬衫，可以搭配塔多士礼服、黑色套装使用。在领子的结构设计上，采用和大身分离的形式是一种古老且讲究的样式，因此小立领衬衫时常成为便装的时尚，而领结与其搭配是这种衬衫穿着的标准格式。领结可采用蝴蝶形或双菱形，它们由一种特别的扎系方法而形成；也有用一种现成的挂钩式领结的，不过这不是很讲究的方式，故多出现在演艺服上。

晨礼服和董事套装衬衫通用日间礼服衬衫，是双翼领素胸或普通领礼服衬衫，用领带或阿斯克领巾与其相配是日间礼服衬衫穿着的标准形式。

二、按轮廓分

男装的廓形有三种基本形式，即 H 形、X 形和 V 形。男衬衫的廓形主要是由领子、袖子和底摆来决定的。

1. 领子分类

（1）直翻领　直翻领的精致，很适合干练的造型。

（2）开领　搭配低开的西服和一条经典的领带，是职场男士最基本的造型。

（3）扣翻领　传统的美式经典造型，搭配西装则容易显得过于正式和古板。

（4）小开领　既不是太宽也不是太窄，既不会随意也不会太郑重。

2. 领型分类

① 尖领。

② 开领。

③ 领尖扣领。

④ 一字领。

⑤ 立领。

⑥ 礼服领。

⑦ 双扣领。

⑧ 双扣领尖扣领。

⑨ 领尖暗扣领。

3. 袖口分类

① 横排双扣圆角。

② 竖排双扣圆角。

③ 竖排双扣截角。

④ 横排双扣截角。

⑤ 法式双折袖。

⑥ 意式米兰袖。

⑦ 单扣平角。

4. 底摆

① 圆弧摆。

② 平摆。

第二节
男衬衫的结构变化

一、衣领结构设计

双翼领型的变化，总体上不受流行趋势的影响，但其自身有三种可选择的形式，即小双翼领、大双翼领和圆形双翼领。

企领在礼服衬衫和普通衬衫上通用，其变化受流行趋势的影响较大，一般与西装领型的流行相配合，以领角的变化最为突出。一般企领的领角在 70°左右，以此为基础可以变通，有尖角领、直角领、钝角领、圆角领、领角加固定扣及固定领带穿绳结构的领型等，构成了企领的基本类型。

同时，领型与领带扎法的配合上亦有一些讲究。一般领角大的领型，领带结头扎得要大而对称，可采用繁结法；一般领角尖的领型，领带结头扎得要小而细长，可采用简结法；一般变化幅度不大的领型，领带结头可采用中庸法。

二、袖口结构设计

礼服衬衫中，如三件套西装衬衫，袖头也有采用双层翻折或单层双面链式扣系合方式的，以表示礼节的隆重程度。一般衬衫袖头造型的变化，主要是根据功能的要求和流行趋势进行的。它的一般形式有圆角、方角和直角的区别。袖衩搭门以剑形为主，在便装中也采用方形。袖头搭门纽扣有时设置两个作为调节松紧用。在袖衩中间有时加设一粒扣，以保证活动时搭缝不张开。

三、口袋结构设计

男衬衫的口袋属于贴袋，贴袋是贴缝在服装表面的口袋，是所有口袋中造型变化最丰富的一类。设计贴袋除了要注意准确地画出贴袋在服装中的位置和基本形状以外，还要注意准确地画出贴袋的缝制工艺和装饰工艺的特征。成年男性的手宽 10～12cm，男衬衫贴袋的袋口可按手宽加 3cm 来设计。如果是装饰性的口袋，也可以按手宽的净尺寸来设计。袋位的设计应与服装的整体造型相协调，即考虑与整件服装的平衡。

男衬衫的贴袋分为无袋盖和有袋盖两种。

（1）无袋盖贴袋　袋鼠袋、普通贴袋、双层贴袋。

（2）有袋盖贴袋　风箱袋（风琴袋）、常见贴盖式口袋。

第三节
男衬衫制图与工艺流程

表 4-1～表 4-6 列出男衬衫的各种规格及推算。

表 4-1 男衬衫规格（5·4系列） 单位：cm

成品规格 部位	中间体	170/88Y	170/88A	170/92B	170/96C	分档数值
衣长		72	72	72	72	2
胸围		108	108	112	116	4
袖长	长袖	58	58	58	58	1.5
	短袖	22	22	22	22	1
总肩宽		45.6	45.2	46	46.8	1.2
领围		39.4	39.8	41.2	42.6	1
设计依据		衣长=2/5 号+4 短袖长=1/5 号-12	长袖长=3/10 号+7 领围=颈围+3	胸围=型+20 总肩宽=肩宽（净体）+1.6		

表 4-2 男衬衫规格系列表（5·4系列，Y体型） 单位：cm

成品规格 部位		型	76	80	84	88	92	96	100
胸围			96	100	104	108	112	116	120
领围			36.4	37.4	38.4	39.4	40.4	41.4	42.4
总肩宽			42	43.2	44.4	45.6	47.8	49	50.2
号	155	衣长		66	66	66			
		长袖		53.5	53.5	53.5			
		短袖		19	19	19			
	160	衣长	68	68	68	68	68		
		长袖	55	55	55	55	55		
		短袖	20	20	20	20	20		
	165	衣长	70	70	70	70	70	70	
		长袖	56.5	56.5	56.5	56.5	56.5	56.5	
		短袖	21	21	21	21	21	21	
	170	衣长	72	72	72	72	72	72	72
		长袖	58	58	58	58	58	58	58
		短袖	22	22	22	22	22	22	22

成品规格＼型 部位			76	80	84	88	92	96	100
号	175	衣长		74	74	74	74	74	74
		长袖		59.5	59.5	59.5	59.5	59.5	59.5
		短袖		23	23	23	23	23	23
	180	衣长			76	76	76	76	76
		长袖		61	61	61	61	61	61
		短袖		24	24	24	24	24	24
	185	衣长				78	78	78	78
		长袖				62.5	62.5	62.5	62.5
		短袖				25	25	25	25

表 4-3　男衬衫规格系列表（5・4 系列，A 体型）　　　　单位：cm

成品规格＼型 部位			72	76	80	84	88	92	96	100
胸围			92	96	100	104	108	112	116	120
领围			35.8	36.8	37.8	38.8	39.8	40.8	41.8	42.8
总肩宽			40.4	41.6	42.8	44	45.2	46.4	47.6	48.8
号	155	衣长		66	66	66	66			
		长袖		53.5	53.5	53.5	53.5			
		短袖		19	19	19	19			
	160	衣长	68	68	68	68	68	68		
		长袖	55	55	55	55	55	55		
		短袖	20	20	20	20	20	20		
	165	衣长	70	70	70	70	70	70	70	
		长袖	56.5	56.5	56.5	56.5	56.5	56.5	56.5	
		短袖	21	21	21	21	21	21	21	
	170	衣长		72	72	72	72	72	72	72
		长袖		58	58	58	58	58	58	58
		短袖		22	22	22	22	22	22	22
	175	衣长			74	74	74	74	74	74
		长袖			59.5	59.5	59.5	59.5	59.5	59.5
		短袖			23	23	23	23	23	23
	180	衣长				76	76	76	76	76
		长袖				61	61	61	61	61
		短袖				24	24	24	24	24
	185	衣长					78	78	78	78
		长袖					62.5	62.5	62.5	62.5
		短袖					25	25	25	25

表 4-4　男衬衫规格系列表（5·4系列，B体型）　　　　单位：cm

成品规格部位 ＼ 型			72	76	80	84	88	92	96	100	104	108
胸围			92	96	100	104	108	112	116	120	124	128
领围			36.2	37.2	38.2	39.2	40.2	41.2	42.2	43.2	44.2	45.2
总肩宽			40	41.2	42.4	43.6	44.8	46.4	47.2	48.4	49.6	50.8
号	150	衣长	64	64	64	64						
		长袖	52	52	52	52						
		短袖	18	18	18	18						
	155	衣长	66	66	66	66	66	66				
		长袖	53.5	53.5	53.5	53.5	53.5	53.5				
		短袖	19	19	19	19	19	19				
	160	衣长	68	68	68	68	68	68	68			
		长袖	55	55	55	55	55	55	55			
		短袖	20	20	20	20	20	20	20			
	165	衣长		70	70	70	70	70	70	70		
		长袖		56.5	56.5	56.5	56.5	56.5	56.5	56.5		
		短袖		21	21	21	21	21	21	21		
	170	衣长			72	72	72	72	72	72	72	
		长袖			58	58	58	58	58	58	58	
		短袖			22	22	22	22	22	22	22	
	175	衣长				74	74	74	74	74	74	74
		长袖				59.5	59.5	59.5	59.5	59.5	59.5	59.5
		短袖				23	23	23	23	23	23	23
	180	衣长					76	76	76	76	76	76
		长袖					61	61	61	61	61	61
		短袖					24	24	24	24	24	24
	185	衣长						78	78	78	78	78
		长袖						62.5	62.5	62.5	62.5	62.5
		短袖						25	25	25	25	25

表 4-5　男衬衫规格系列表（5·4系列，C体型）　　　　单位：cm

成品规格部位 ＼ 型	76	80	84	88	92	96	100	104	108	112
胸围	96	100	104	108	112	116	120	124	128	132
领围	37.6	38.6	39.6	40.6	41.6	42.6	43.6	44.6	45.6	46.6
总肩宽	40.8	42	43.2	44.4	45.6	46.8	48	49.2	50.4	51.6

续表

成品规格部位		型	76	80	84	88	92	96	100	104	108	112
号	150	衣长		64	64	64						
		长袖		52	52	52						
		短袖		18	18	18						
	155	衣长	66	66	66	66	66	66				
		长袖	53.5	53.5	53.5	53.5	53.5	53.5				
		短袖	19	19	19	19	19	19				
	160	衣长	68	68	68	68	68	68	68			
		长袖	55	55	55	55	55	55	55			
		短袖	20	20	20	20	20	20	20			
	165	衣长	70	70	70	70	70	70	70	70		
		长袖	56.5	56.5	56.5	56.5	56.5	56.5	56.5	56.5		
		短袖	21	21	21	21	21	21	21	21		
	170	衣长		72	72	72	72	72	72	72	72	
		长袖		58	58	58	58	58	58	58	58	
		短袖		22	22	22	22	22	22	22	22	
	175	衣长		74	74	74	74	74	74	74	74	74
		长袖		59.5	59.5	59.5	59.5	59.5	59.5	59.5	59.5	59.5
		短袖		23	23	23	23	23	23	23	23	23
	180	衣长			76	76	76	76	76	76	76	76
		长袖			61	61	61	61	61	61	61	61
		短袖			24	24	24	24	24	24	24	24
	185	衣长				78	78	78	78	78	78	78
		长袖				62.5	62.5	62.5	62.5	62.5	62.5	62.5
		短袖				25	25	25	25	25	25	25

表4-6　推算男衬衫规格设计　　　　　　单位：cm

部位		衣型	正装衬衫	短袖休闲衬衫	夏威夷衫
衣长			4/10 号＋4	4/10 号＋6	4/10 号＋5
胸围			型＋（18～20）	型＋（14～16）	型＋（18～20）
肩宽			3/10 胸围＋14	3/10 胸围＋13.5	3/10 胸围＋14
袖长	长袖		3/10 号＋7.5		
	短袖		2/10 号－10	2/10 号－9	2/10 号－10
袖口	长袖		1/10 胸围＋14		
	短袖		1/10 胸围＋8	1/10 胸围＋7	1/10 胸围＋8
领围			2.5/10 胸围＋12	2.5/10 胸围＋13	

一、休闲类男衬衫制图原理

1. 款式结构

尖领，直腰身，单排扣，圆下摆，一个贴袋，7粒扣，后片有育克，后中有一褶裥，一片袖，袖口有开衩，绱袖头。

2. 面料与辅料

（1）面料　无弹力机织面料。

（2）衬料　无纺衬0.5m，领衬0.3m。

（3）纽扣　直径1.1cm×11粒。

3. 制图规格和制图公式、制图

（1）号型选择　170/92A。

（2）规格

部位	衣长	胸围	肩宽	袖长	领围	袖口	AH	翻领	领座
规格/cm	74	110	46	58.5	40	25	54	4	3.2

（3）公式

① 衣长为74cm。

② 袖窿深线为$B/5+1.5=23.5$cm。

③ 腰节线为号/4=42.5cm（实测）。

④ 前领宽为$N/5=8$cm。

⑤ 前领深为$N/5+0.5=8.5$cm。

⑥ 后领宽为$N/5=8$cm。

⑦ 后领深为2cm。

⑧ 前落肩为5.5∶2。

⑨ 后落肩为6∶2。

⑩ 前胸宽为$B/6+2=20.3$cm。

⑪ 后背宽为$B/6+2.5=20.8$cm。

⑫ 前后身宽为$B/4=27.5$cm。

⑬ 前后肩宽为$S/2=23$cm。

⑭ 末扣位为衣长/5+5=19.8cm。

⑮ 胸袋口宽为$B/10+0.5=11.5$cm。

⑯ 胸袋长为$B/10+0.5+1.5=13$cm。

⑰ 袖长为58.5cm。

⑱ 袖山深为$B/10-1.5=9.5$cm。

⑲ 前袖斜线为$AH/2-0.5=26.5$cm。

⑳ 后袖斜线为$AH/2=27$cm。

㉑ 袖口宽为$B/5+3=25$cm。

（4）制图（图4-1）。

二、礼服类男衬衫制图原理

1. 款式结构

双翼领，收腰，单排扣，圆下摆，无贴袋，7粒扣，后片有育克，后中有一褶裥，前片分割，一片袖，袖口有开衩，双袖头。

2. 面料与辅料

（1）面料　无弹力机织面料。

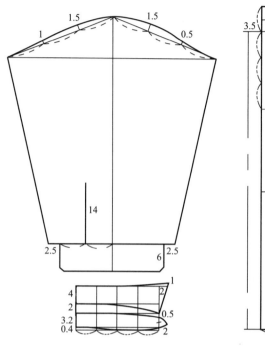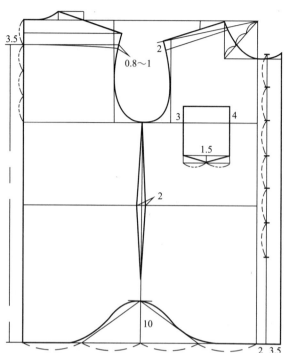

图 4-1　休闲类男衬衫制图原理

（2）衬料　无纺衬 0.5m，领衬 0.3m。

（3）纽扣　直径 1.1cm×11 粒。

3. 制图规格和制图公式、制图

（1）号型选择　170/92A。

（2）规格

部位	衣长	胸围	肩宽	袖长	领围	袖口	AH	领高
规格/cm	70	108	46	58.5	40	25	54	5

（3）公式

① 衣长为 70cm。

② 袖窿深线为 $B/5+1.5=23.1cm$。

③ 腰节线为号/4＝42.5cm（实测）。

④ 前领宽为 $N/5-1=7cm$。

⑤ 前领深为 $N/5-1.5=6.5cm$。

⑥ 后领宽为 $N/5+0.5=8.5cm$。

⑦ 后领深为 4cm。

⑧ 前落肩为 $B/20-1=4.4cm$。

⑨ 后落肩为 $B/20-1.5=3.9cm$。

⑩ 前胸宽为 $B/6+2=20cm$。

⑪ 后背宽为 $B/6+2.5=20.5cm$。

⑫ 前后身宽为 $B/4=27cm$。

⑬ 前后肩宽为 $S/2=23cm$。

⑭ 末扣位为衣长/5＋5＝19cm。

⑮ 胸袋口宽为 $B/10+0.5=11.3cm$。

⑯ 胸袋长为 $B/10+0.5+1.5=12.8cm$。

⑰ 袖长为 58.5cm。

⑱ 袖山深为 B/10－1.5＝9.3cm。

⑲ 前袖斜线为 AH/2－0.5＝26.5cm。

（4）制图（图 4-2）。

⑳ 后袖斜线为 AH/2＝27cm。

㉑ 袖口宽为 B/5＋3＝24.6cm。

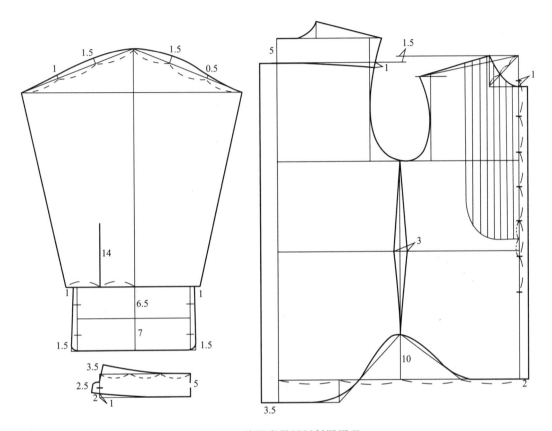

图 4-2 礼服类男衬衫制图原理

三、普通类男衬衫制图原理

1. 款式结构

尖领，直腰身，单排扣，直下摆，一个贴袋，7 粒扣，后片有育克，一片袖，袖口有开衩，袖口处有 2 褶裥，缝袖头。

2. 面料与辅料

（1）面料 无弹力机织面料。

（2）衬料 无纺衬 0.5m，领衬 0.3m。

（3）纽扣 直径 1.1cm×11 粒。

3. 制图规格和制图公式、制图

（1）号型选择 170/92A。

（2）规格

部位	衣长	胸围	肩宽	袖长	领围	袖口	AH	翻领	领座
规格/cm	72	110	46	58.5	40	25	54	4	3.2

（3）公式

① 衣长为72cm。

② 袖窿深线为 $B/5+1.5=23.5cm$。

③ 腰节线为号/4=42.5cm（实测）。

④ 前领宽为 $N/5-1=7cm$。

⑤ 前领深为 $N/5-1.5=6.5cm$。

⑥ 后领宽为 $N/5+0.5=8.5cm$。

⑦ 后领深为4cm。

⑧ 前落肩为 $B/20-1=4.5cm$。

⑨ 后落肩为 $B/20-1.5=4cm$。

⑩ 前胸宽为 $B/6+2=20.3cm$。

⑪ 后背宽为 $B/6+2.5=20.8cm$。

⑫ 前后身宽为 $B/4=27.5cm$。

⑬ 前后肩宽为 $S/2=23cm$。

⑭ 末扣位为衣长/5+5=19.8cm。

⑮ 胸袋口宽为 $B/10+0.5=11.5cm$。

⑯ 胸袋长为 $B/10+0.5+1.5=13cm$。

⑰ 袖长为58.5cm。

⑱ 袖山深为 $B/10-1.5=9.5cm$。

⑲ 前袖斜线为 $AH/2-0.5=26.5cm$。

⑳ 后袖斜线为 $AH/2=27cm$。

㉑ 袖口宽为 $B/5+3=25cm$。

（4）制图（图4-3）。

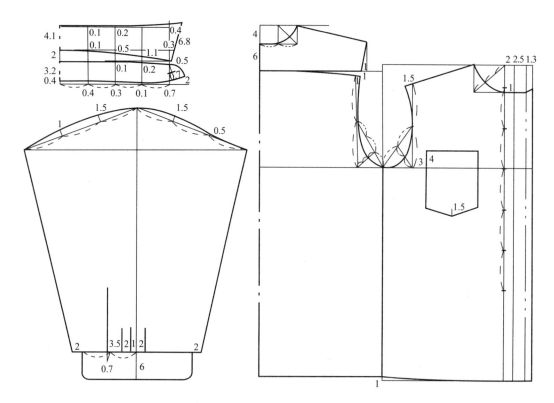

图4-3　普通类男衬衫制图原理

四、排料、裁剪

此部分可参见第三章排料、裁剪的内容。

五、男衬衫制作流程

男衬衫的制作可分为三个步骤，即准备裁片和辅料、衬衫零部件的缝制、组装缝制。具体制作步骤如下。

1. 准备裁片和辅料

长袖男衬衫的所有裁片和辅料，包括左、右前衣片，前门襟裁片及衬，育克（里、面两块），领（翻领、底领、面领）和领衬，袖子（左袖和右袖），克夫（袖级），尖形前胸袋，领角衬和领角薄膜。

2. 衬衫零部件的缝制

（1）领

① 绱领角薄膜。把领角薄膜放于领角衬上，领角薄膜距领尖 0.12cm，然后在领角薄膜上缉线。领角薄膜应处于领角衬的中间位置，缝线头尾不需要回针，完成后的领角衬应左右对称。

② 翻领面、底领面压衬。把黏合衬放于翻领面、底领面的反面后，用熨斗黏合，粘贴要平服。

③ 缉翻领。把领面和领里正面相对放置，领角衬的正面放于领里的反面领角处，然后头尾回针缉翻领。缉线要均匀，两边领尖形状对称，缝线不能缉在领角薄膜上。

④ 修止口并翻烫翻领。修止口后，将翻领翻出正面后熨烫。完成后的领尖形状要对称、平整、不外翻。

⑤ 缉翻领领线。在翻领的正面缉边线，线迹要均匀，不能有起皱或跳线的现象。

⑥ 缝底领领脚。底领领面压衬后，将领脚向里折边 0.6cm，距止口 0.5cm 缉缝线。折边要均匀、平服，缉线要均匀，不能有起皱现象。

⑦ 合翻领、底领。把底领的领里和领面正面相对放置，对好剪口位，四层裁片一起缉线。领嘴和领尖两边要对称。

⑧ 翻烫底领并缉明线。把底领翻出正面并熨烫，再在底领上缉明线。熨烫后领嘴、领尖两边要对称、平整、不反翘，缉线压均匀，在底领领脚处留 1 个止口的长度不缉线。

（2）克夫

① 克夫面压衬。在克夫面的反面压衬，完成后要平服，不起泡。

② 缝克夫。将克夫面（袖级）止口向里折边 0.6cm 后，缉 0.5cm 缝线。折边要均匀和平整，缉线要均匀。

③ 缉克夫（袖级）。将克夫面与克夫里正面相对放置，克夫里的底边止口向上折，包住克夫面，然后缉克夫外沿，缝线头尾回针，止口要均匀。

④ 修止口并翻烫克夫（袖级）。将克夫止口修剪至 0.4cm 后，翻出其正面，熨烫平整。不能出现上下层不齐（绲光）和止口未翻尽的现象，克夫两边要对称。

⑤ 缉克夫（袖级）面线。从离克夫底边一个止口长度的位置开始，沿着克夫外边缉面线。缉线要均匀，缝线头尾要回针。

（3）袖开口

① 剪袖开口。在后袖底边处剪开口，所剪长度完成后袖开口的长度，所剪三角位要对称。

② 熨烫袖襟布、袖襟底布。将袖襟布、袖襟底布的两边止口向里折边，再从中间对折熨烫。熨烫后的袖襟布、延伸布宽度要均匀、平服，袖襟布的三角位置要对称。

③ 在袖身小袖处缲袖襟底布。把袖襟底布缲于袖身小袖处。袖襟底布在袖开口顶部要留出一个止口的长度。

④ 在袖身大袖处缲袖襟布。把袖襟布缲于袖身大袖处，袖襟布三角位缝线要对称，并且要将袖身三角位缉线。

（4）左胸袋和前衣身

① 缉右前衣身前襟贴边。把右前衣身门襟贴边向里折边 1cm 后，距止口 0.2cm 缉缝线，折边和缉线要均匀。

② 熨烫右前衣身门襟贴边。按照剪口位把门襟贴边折向前衣身反面后熨烫。熨烫门襟贴边要均匀，完成后的前衣身贴边要平直。

③ 做左前衣身门襟。前衣身明门襟的制作可采用双针锁链机合缝装明门襟附件，将门襟的裁片放入附件上层，非黏合衬放入附件中间层，左前衣身门襟放入附件下层后缝制即可，完成后的明门襟要平服、均匀。

④ 缲前左胸袋。将袋口折边缉线后熨烫前左胸袋，然后将前胸袋缲于已定好袋位的左前衣身处，完成后的袋位要准确，袋形对称，缉线均匀。

3. 长袖男衬衫的组装缝制

在组装缝制前，要先检查以下几个方面：①左右前衣身是否对称，门襟贴边、前门襟、明贴袋是否缝制准确。②是否完成了左右袖的开口。③领和克夫（袖级）是否制作正确。

检查完以上部件后即可进行组装缝制，工序如下。

（1）缲面育克和里育克于后衣身处　把后衣身置于面育克和里育克之间进行缝合。在缝合时，按照后衣身的剪口位缉出两个活褶。两个活褶位置要对称，三层裁片的止口要相同和均匀。

（2）合肩缝　先将前衣身夹于两层育克之间，两正面相对，再用暗线缝合三层裁片，翻正后，在面上缉线。也可直接采用肩缝附件完成，止口要均匀，前衣身和育克的领窝位和袖窿位要对齐。

（3）缲袖　采用五线锁边机将袖子装在袖窿上。完成后的袖山应有一定量的容位，但不能出现打褶的现象。

（4）合袖底缝和摆缝　采用五线锁边机合袖底和摆缝。完成后的袖窿位应在袖底对齐。

　　（5）绱克夫（袖级）于袖口上　利用夹绱的方法在袖口绱克夫，并在缝制过程中按照袖口剪口位绱出袖口活褶。完成后的克夫里面缝线要均匀，扣合克夫后，袖开口的大小及袖侧长度要相等。

　　（6）绱领子　把底领里领正面对衫身正面后，对齐两个止口缝合。缝合时底领里领后中剪口位应对准衫身后中剪口位，底领领肩位剪口对准衫身肩位。

　　（7）缉底领面领线　把底领明领翻于衫身里部，将翻领止口藏于底领面领与里领之间，然后在面领处缉线。完成后的两边领嘴和领尖要分别对称，缉线均匀。

　　（8）缉下摆　处理下摆止口缝线要均匀，在弯位处下摆平服，没有起皱或打褶的现象。

　　（9）锁扣眼　用扣眼机按照所定位置在左前门襟处锁扣眼。扣眼位置要准确，扣眼的大小与纽扣相符合，同时在底领和克夫处也要锁上扣眼。

　　（10）钉纽扣　钉纽扣的位置是在右前里襟、领口和克夫处配合扣眼而定出的，钉纽扣通常用钉扣机完成，钉纽扣之后即完成了整件衬衫的工艺。

第五章
男背心款式设计

第一节
男背心的分类

一、按穿着场合分

　　背心也称马甲，即无袖上衣。背心成为男子正式服饰始于17世纪，当时用缎子和丝绒制成。男士背心属内衣配服，经常与外衣搭配穿着，主要功能是保护前后胸、腰区域，具有保温御寒的功效，但随着社会的发展，背心的这一功能正在逐渐减弱，更主要的是作为礼节、社交规则的标志。在不同级别的场合对外衣和背心的要求是不同的，背心是不允许交替使用的。按穿着场合大体可分为普通类背心、礼服类背心、运动休闲型背心、职业专用型背心四大类。

1. 普通类背心

　　普通类背心一般配合西服套装、运动西服和调和西服穿用。可根据配合西服套装穿用和调和西服穿用而划分为套装背心和调和背心两种。普通类背心适合在商务场合、会议等正式场合穿着（图5-1）。

2. 礼服类背心

　　礼服类背心主要分为晚礼服

图 5-1　普通类背心

背心和晨礼服背心两大类。塔士多礼服背心和燕尾服背心属晚礼服的常见款式。晨礼服背心主要在日间的正式场合穿着，属日礼服背心。礼服背心主要在大型宴会、典礼、高档酒会、古典音乐会等场合穿着。塔士多礼服背心和燕尾服背心主要在晚6点以后配合塔士多礼服和燕尾服穿着，晨礼服背心多在日间的鸡尾酒会、典礼、授奖仪式等场合配合晨礼服穿着。

燕尾服背心的常见款式为V形领口配方领、四粒扣、两个口袋或为U形领口配青果领、三粒扣。这两款为燕尾服背心的常见古典版。现代版的燕尾服背心多将后背和口袋去掉，保留三粒扣，为穿套系带形式（图5-2）。

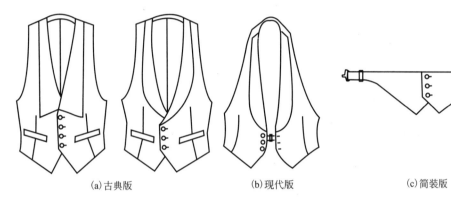

(a)古典版　　　　　　(b)现代版　　　　　　(c)简装版

图5-2　燕尾服背心

塔士多礼服背心一般为四粒扣无领结构，设有两个口袋，专为搭配塔士多礼服而使用穿着。卡玛饰带一般可替代塔士多礼服背心，经常和梅斯礼服组合。卡玛饰带一般为黑白两种颜色，黑色为标准色，黑色丝光缎为常用面料（图5-3）。

晨礼服背心的款式常为双排六粒扣，领子常为青果领和戗驳领。半正式晨礼服背心一般为八字领，单排六粒扣（图5-4、图5-5）。

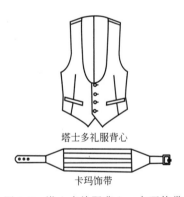

塔士多礼服背心

卡玛饰带

图5-3　塔士多礼服背心、卡玛饰带

图5-4　晨礼服背心和简装版晨礼服背心

3. 运动休闲型背心

运动休闲型背心的种类繁多,如在户外运动时穿着的猎装背心,休闲穿着的羽绒背心、牛仔背心等(图5-6)。

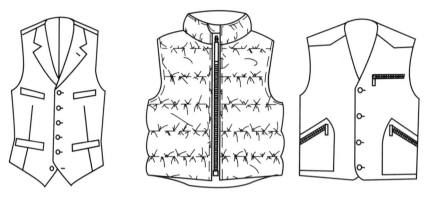

图5-5 半正式晨礼服背心   图5-6 运动休闲型背心

4. 职业专用型背心

职业专用型背心,如摄影师专用的摄影背心,就是专门根据职业特征设计的,还有钓鱼背心、记者背心等。记者背心的口袋设计取代了箱包,口袋最大容量地容纳了各种零散的物品,为工作者提供了便捷(图5-7)。

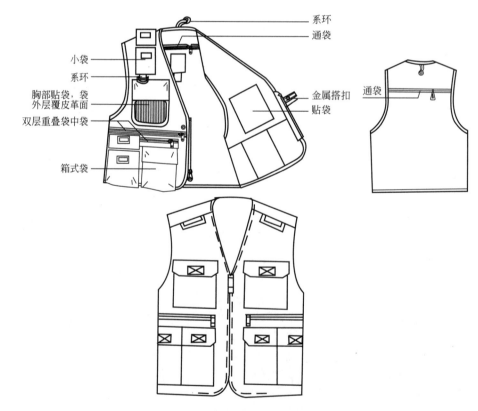

图5-7 职业专用型背心——记者背心

二、按轮廓分

背心按轮廓可以分为修身合体型背心和宽松型背心两大类。修身合体型背心一般胸围的加放量为 6～8cm，不超过 10cm，如礼服类男背心、套装类背心。此类背心一般腰部收省，彰显腰部曲线。

宽松型背心多为直身型，不设腰省，胸围的松量加放多大于 10cm，一些时装类男背心、职业专用背心、内有填充物的背心等多为此类背心。

第二节
男背心款式结构变化设计

一、男背心领子结构设计

男背心的领子常见结构有方形领、戗驳领、青果领、普通八字领（图 5-8）。

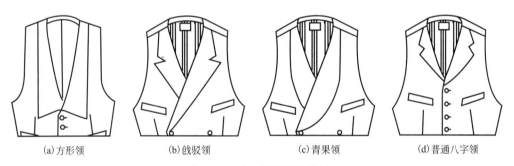

(a)方形领　　　　　　(b)戗驳领　　　　　　(c)青果领　　　　　　(d)普通八字领

图 5-8　男背心领子结构设计

二、男背心门襟结构设计

男背心的门襟可分为单搭门和双搭门两大类。单搭门的宽度多为 2cm 左右，双搭门的宽度为 6cm 左右。门襟的造型有直门襟造型和尖角造型等，门襟处有绱拉锁、钉扣锁眼、钉按扣等形式（图 5-9）。

三、男背心下摆结构设计

男背心的下摆设计多为三角形，这是因为在传统男礼服背心中，底摆设计多为三角形。礼服类背心和套装背心的下摆造型多为三角形，休闲背心和时装背心的下摆造型变化较多，如圆摆、直摆等（图 5-10）。

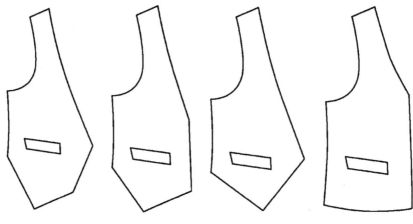

图 5-9　男背心门襟造型设计

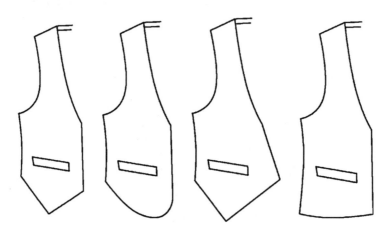

图 5-10　男背心下摆造型设计

第三节

男背心制图与工艺流程

表 5-1～表 5-5 为男西服背心的各种规格。

表 5-1　男西服背心规格（5·4 系列）　　　　　　　　　　单位：cm

成品规格 部位　　中间体	170/88Y	170/88A	170/92B	170/96C	分档数值
衣长	60	60	60	60	1
胸围	96	96	100	104	4
设计依据	衣长＝3/10 号＋9　　　　　胸围＝型＋8				

表 5-2　男西服背心规格系列表（5·4 系列，Y 体型）　　　单位：cm

成品规格 部位 \ 型		76	80	84	88	92	96	100
胸围		84	88	92	96	100	104	108
号	155 衣长		54	54	54			
	160 衣长	56	56	56	56	56		
	165 衣长	58	58	58	58	58	58	
	170 衣长	60	60	60	60	60	60	60
	175 衣长		62	62	62	62	62	62
	180 衣长			64	64	64	64	64
	185 衣长				66	66	66	66

表 5-3　男西服背心规格系列表（5·4 系列，A 体型）　　　单位：cm

成品规格 部位 \ 型		72	76	80	84	88	92	96	100
胸围		80	84	88	92	96	100	104	108
号	155 衣长		54	54	54	54			
	160 衣长	56	56	56	56	56	56		
	165 衣长	58	58	58	58	58	58	58	
	170 衣长		60	60	60	60	60	60	60
	175 衣长			62	62	62	62	62	62
	180 衣长				64	64	64	64	64
	185 衣长					66	66	66	66

表 5-4　男西服背心规格系列表（5·4 系列，B 体型）　　　单位：cm

成品规格 部位 \ 型		72	76	80	84	88	92	96	100	104	108
胸围		80	84	88	92	96	100	104	108	112	116
号	150 衣长	52	52	52	52						
	155 衣长	54	54	54	54	54	54				
	160 衣长	56	56	56	56	56	56	56			
	165 衣长		58	58	58	58	58	58	58		
	170 衣长			60	60	60	60	60	60	60	
	175 衣长				62	62	62	62	62	62	62
	180 衣长					64	64	64	64	64	64
	185 衣长						66	66	66	66	66

表5-5　男西服背心规格系列表（5·4系列，C体型）　　　　单位：cm

成品规格 部位	型	76	80	84	88	92	96	100	104	108	112
胸围		84	88	92	96	100	104	108	112	116	120
号 150	衣长		52	52	52						
155	衣长	54	54	54	54	54	54				
160	衣长	56	56	56	56	56	56	56			
165	衣长	58	58	58	58	58	58	58	58		
170	衣长		60	60	60	60	60	60	60	60	
175	衣长			62	62	62	62	62	62	62	62
180	衣长				64	64	64	64	64	64	64
185	衣长					66	66	66	66	66	66

一、礼服类男背心制图原理

（一）礼服类男背心的特点

此款燕尾服背心为 V 形领口，覆加丝瓜翻领，门襟设三粒扣，前后身收省，后领口有领条。

成品规格：

部位	衣长	胸围	肩宽
尺寸/cm	46	92	31

（二）礼服类男背心制图步骤（图5-11）

（1）前片制图

① 确定衣长。确定上平线、下平线，衣长 46cm。

② 画腰节线为 40cm。

③ 画袖窿深线为 B/5+10＝28.4cm。

④ 确定前中心线。画出前中心线，确定搭门的宽度为 1.8cm。

⑤ 胸宽线为 B/6－2＝13.3cm。

⑥ 前胸围宽为 B/4－2＝21cm。

⑦ 前领口撇胸为 2cm。

⑧ 前领口宽为 B/12－1＝6.6cm。

⑨ 确定肩斜、肩宽。由撇胸点经过从上平线向下 1.5cm 的点，量取肩宽 S/2＝15.5cm。

⑩ 画出袖窿弧线。将胸宽线三等分，圆顺袖窿弧线。

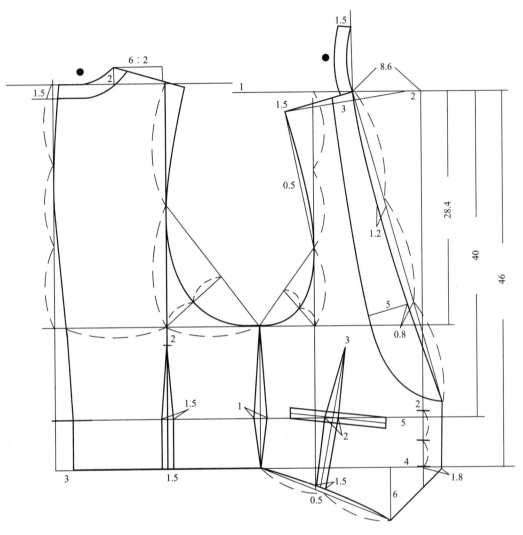

图 5-11 礼服类男背心纸样设计

⑪ 画出侧缝线。腰节处吸腰量为 1cm。

⑫ 画出下摆。从前中心线画 4cm，再垂直量 6cm。

⑬ 画领子。在肩部确定 3cm，领口线下 1/3 处进 0.8cm，再量 5cm。

⑭ 确定兜的位置。兜口尺寸为 12cm。

⑮ 画出省。

⑯ 确定扣位。第一粒扣距驳头 2cm，第二粒扣距第一粒扣 5cm。

⑰ 画后领条。后领条净宽 1.5cm，长度为后领口弧长。

（2）后片制图

① 后片上平线在前片的基础上上抬 1cm。

② 后背宽为 B/6−1＝14.3cm。

③ 后胸围大为 B/4＋2＝25cm。

④ 后领口宽为 B/12＝6.6cm。

⑤ 后肩宽为 S/2＝15.5cm。

⑥ 圆顺袖窿弧线。将背宽线二等分，从 1/2 点连接做三角，做角平分线，连接做袖窿弧。

⑦ 圆顺侧缝、后背缝。

⑧ 画省。将背宽线延长做省的中线，向下 2cm 为省尖，省宽 1.5cm。

二、普通类男背心制图原理

（一）普通类男背心的特点

此款背心前身用本料来裁剪，后身用里子绸作为面料。门襟设有五粒扣，左胸设有手巾袋，前后身设有腰省，侧缝处有开衩，后身有腰带，设有拉芯扣。

成品规格：

部位	衣长	胸围	肩宽
尺寸/cm	46	92	31

（二）普通类男背心制图步骤（图 5-12）

（1）前片制图

① 确定衣长。上平线、下平线的距离为 46cm。

② 袖窿深线为 B/5＋6＝24.4cm。

③ 腰节线为身高/4＝40cm。

④ 确定前中心线。画出前中心线，确定搭门的宽度为 1.8cm。

⑤ 前胸宽为 B/6－2＝13.3cm。

⑥ 前胸围宽为 B/4－2＝21cm。

⑦ 前领口撇胸为 2cm。

⑧ 前领口宽为 B/12－1＝6.6cm。

⑨ 确定肩斜、肩宽。由撇胸点经过从上平线向下 1.5cm 的点，量取肩宽 S/2＝15.5cm。

⑩ 画出袖窿线。将胸宽线三等分，圆顺袖窿弧线。

⑪ 画出侧缝线、底摆线。侧缝处收腰 1cm，下摆先横量 4cm，再向下垂直量 6cm。

⑫ 完成胸兜和大兜。胸兜与大兜前部齐平，胸兜宽 2cm，大兜宽 2.5cm，大兜与后片腰带高度一致。

⑬ 画省。将胸兜长取 1/2 点与底摆 1/2 点连接，做省的中线，从胸兜 1/2 点向下 3cm 作为省的尖点，省宽在腰节处为 2cm，在底摆处为 1.5cm。

（2）后片制图

① 后片上平线在前片的基础上上抬 1cm。

② 后背宽为 B/6－1＝14.3cm。

③ 后胸围大为 B/4＋2＝25cm。

④ 后领口宽为 B/12＝6.6cm。

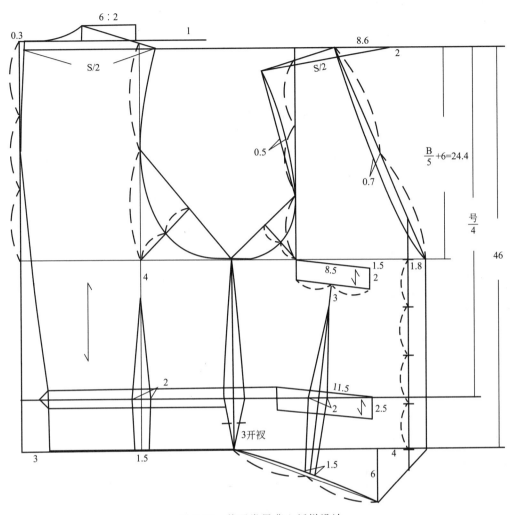

图 5-12　普通类男背心纸样设计

⑤ 后肩宽为 S/2＝15.5cm。

⑥ 圆顺袖窿弧线。将背宽线二等分，从 1/2 点连接做三角，做角平分线，连接做袖窿弧。

⑦ 圆顺侧缝、后背缝。

⑧ 画省。将背宽线延长做省的中线，向下 4cm 为省尖，腰节处省宽 2cm，底摆处省宽 1.5cm。

⑨ 画腰带。

三、双排扣男背心制图原理

（一）双排扣男背心的特点

此款男背心的门襟宽度为 6cm，门襟设计成三角造型，左右两边各有两个双牙袋，共四个口袋，前后身收省。

成品规格：

部位	衣长	胸围	肩宽
尺寸/cm	50	92	31

（二）双排扣男背心制图步骤（图5-13）

（1）前片制图

① 画上平线、下平线，确定衣长为50cm。

② 袖窿深为B/5+6=24.4cm。

③ 腰节线为身高/4=40cm。

④ 确定前中心线。画出前中心线，确定搭门的宽度为6cm。

⑤ 前胸宽为B/6-2=13.3cm。

⑥ 前胸围宽为B/4-2=21cm。

⑦ 前领口撇胸为2cm。

⑧ 前领口宽为B/12-1=6.6cm。

⑨ 确定肩斜、肩宽。由撇胸点经过从上平线向下1.5cm的点，量取肩宽S/2=15.5cm。

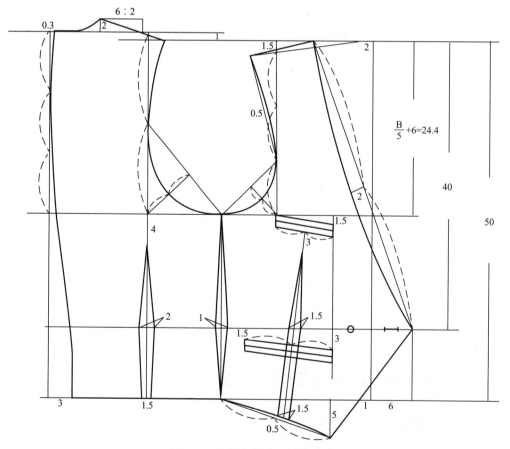

图5-13　双排扣男背心纸样设计

⑩ 画出袖窿弧线。将胸宽线三等分，圆顺袖窿弧线。

⑪ 侧缝处收进 1cm。

⑫ 画顺下摆。下摆在下平线向下 5cm。

⑬ 画胸兜、大兜。大兜和胸兜都为双牙兜，兜宽 1cm。

⑭ 画省。省宽 1.5cm。

（2）后片制图

① 后片上平线在前片的基础上上抬 1cm。

② 后背宽为 B/6−1=14.3cm。

③ 后胸围大为 B/4+2=25cm。

④ 后领口宽为 B/12=6.6cm。

⑤ 后肩宽为 S/2=15.5cm。

⑥ 圆顺袖窿弧线。将背宽线二等分，从 1/2 点连接做三角，做角平分线，连接做袖窿弧。

⑦ 圆顺侧缝、后背缝。

⑧ 画省。将背宽线延长做省的中线，向下 4cm 为省尖，腰节处省宽 2cm，底摆处省宽 1.5cm。

四、排料、裁剪

（一）面料、辅料排料及裁剪（图 5-14）

（二）面料、辅料用量

（1）面料用量　衣长＋折边＋1cm 的缝头。

（2）有纺衬　前身粘有纺衬，用量为一个衣长。

（3）兜布　10cm 左右。

（4）扣　5 粒。

（三）排料、裁剪

1. 排料、裁剪时要注意的几个问题

① 前片纱向为直纱向，止口纱向与布边平行。

② 有条格的面料当条格宽度大于 1cm 时，须对条对格，由于男背心的后片用里子绸作面料，所以前片的衣身与兜牌需要对条对格。

③ 兜牌的纱向与衣身相同。

④ 有倒顺毛的面料注意面料的方向性。

2. 裁剪男背心主料明细

① 前身片一对。

② 大兜牌一对、大兜牌垫带一对。

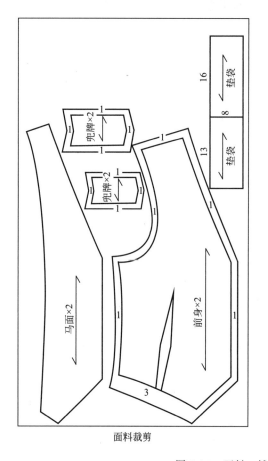

面料裁剪

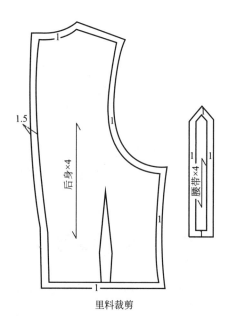

里料裁剪

图 5-14　面料、辅料排料及裁剪

③ 小胸兜牌一片、小胸兜垫带一片。

④ 前贴边一对。

3. 裁剪男背心辅料明细

① 后身片的面一对，用里子绸面料来裁剪。

② 后身片的里一对，用里子绸面料来裁剪。

③ 前身片的里子一对。

④ 腰带 4 片，用里子绸面料来裁剪。

⑤ 有纺衬的用量为一个前衣长。

⑥ 兜布 10cm 左右，直丝牵条 1.5m 左右。

五、男背心制作流程

（1）打线钉　兜位、省位、扣眼位、腰节线、开衩、底摆处打线钉。工业化大批量生产的裁片，一般用打孔机打眼。

（2）粘衬　前片粘有纺衬，有纺衬应选择胶粒密度高、有弹性的轻薄有纺衬。

（3）缉缝省道　在缉缝省道时，可以在省尖处垫一块里子绸面料，缉好后将省剪开，剪到超过垫布 0.5cm 为止，打剪口将省劈缝烫开。

（4）归拔前片　将腰节处面料向止口方向推烫，使止口纹路顺直。肩部略微拔开，袖窿和领口要归拢一些。

（5）做口袋　男背心口袋的做法与男西服手巾袋的做法相同。

（6）画止口、粘纤条　用画粉笔将止口的净线画出来，沿净线粘纤条，一直粘到摆缝为止，纤条在领口处和前下摆处要拉紧一些。

（7）合贴边　将贴边与前片的里子缝合好。

（8）缉缝前片省道　将省道缉缝好之后，用熨斗将省向侧缝方向扣倒。

（9）覆贴边　将贴边与前片正面相对，用手针绷缝固定。绷缝时，止口部位要平服，摆角处的挂面要紧一些。

（10）勾止口、剔缝头　将止口勾好，剔缝头，面的缝头为 0.6cm，贴边的缝头为 0.8cm，用手针襻止口，将缝份固定。

（11）勾袖窿、下摆　把里子向侧缝处推，用大针码固定，让里子略紧一些，将袖窿、底摆勾好，弧度大的地方可打剪口。袖窿、底摆缝头扣倒，虚 0.1cm 的量。做开衩，开衩处打剪口。

（12）翻止口　将前片翻到正面，正面比里多 0.1cm 的虚量烫平。

（13）做后片　将后片的面、里子的省缉好，再合后背缝，里子的后背缝需 0.2～0.3cm 的虚量。

（14）勾后片袖窿、底摆、后领口　将后片的里和面的袖窿、底摆、领口勾合。勾好后将缝头倒烫，虚 0.1cm 的量，然后翻过来。

（15）做腰带　腰带勾好后翻过来。将腰带固定在后片的两侧。

（16）合前后肩缝　将前片的肩放在后片的里和面之间，夹绱。

（17）合前后侧缝　同样夹绱，在一侧留口，从小口将背心翻过来。

（18）封腰带、装拉芯扣　将后背腰带在后省缝处 3 次缉缝固定，拉芯扣与右侧腰带固定。

（19）手工缲缝、整烫　将侧缝的一段手工缲上。锁扣眼，扣眼距边 1cm，眼大 2cm。在开衩处打套结，整体熨烫，完成。

第六章
男大衣、风衣款式设计

大衣、风衣是服装中的一个大品类。随着时代的变迁，大衣、风衣已从早期的防风雨、御寒功能逐渐向装饰功能和多功能方向发展。许多经典大衣、风衣的款式在不断地创新，一些原有的经典元素被保留下来，同时又加入了新的元素，以适应不同的穿着场合、职业、环境等。大衣是套在毛衣或者西服等服装外面穿着，所以一般胸围的加放量要大于西服，多在 20～28cm，总肩宽一般比西服大 2cm 左右。现在也有许多大衣、风衣内搭衬衫，十分合体。如许多韩版大衣，胸围的加放量一般在 16～20cm。我们在制版时，一方面要考虑到大衣、风衣的款式造型，另一方面要考虑到内穿厚度、面料自身的厚薄。

第一节
男大衣、风衣的分类

一、按穿着场合分

大衣、风衣类的服装按穿着场合大体可以分为两大类：一类适宜在正式场合穿着；一类适宜在普通场合穿着。柴斯特外套属男装外套中的第一礼服外套。波鲁外套为仅次于柴斯特外套的一类礼服外套。普通类外套主要有达夫尔外套、巴尔玛外套、战壕风衣外套。

柴斯特外套、波鲁外套、巴尔玛外套、战壕外套和达夫尔外套这几类外套是男装外套的基本款式，其他款式的大衣、风衣大多是这几类外套的变化款式。柴斯特外套是男装中的常见礼服外套，但在款式上有造型和细节的微妙变化，一般单排扣、暗门襟、八字领的柴斯特外套为标准版。柴斯特外套最早出现于 19 世纪的英国，因柴斯特·费尔德伯爵首穿此款而得名。礼服版的柴斯特外套基本形式是单排暗扣、戗驳领，与此相连接的翻领用黑色天鹅绒材料，外套颜色以深色为主，左胸有手巾袋，前身有左右对称的两个加袋盖的口袋；整体结构合体，衣长至膝关节以下；袖衩上设三粒纽扣，常和塔士多礼服、黑色套装组合穿用。出行版的柴斯特外套一般为双排六粒扣，有四开身结构，也有三开身结构（图 6-1）。

图 6-1　柴斯特外套（左为礼服版，右为出行版）

　　波鲁外套原系一种看马球比赛的男士外套，是仅次于柴斯特外套的一类外套，现在常作为保暖性外套使用。其造型为双排六粒扣、戗驳头、大翻领、半包肩袖、明贴翻边袖口并用一粒纽扣固定、明贴袋加袋盖。结构线全部用明线缉线，颜色以驼色系为主。波鲁外套和柴斯特外套系列构成了男装礼服外套的基本范围（图 6-2）。

　　巴尔玛外套在日常生活中应用最广泛，被看作一种标准外套。这种外套不受场合、年龄、职业的限制，同时造型风格简洁、大方、潇洒，颇具男人的风格，因此备受男士的青睐，成为万能外套，很适合在公务场合和校园内穿用。其结构采用暗门襟和插肩袖形式，其插肩袖形式为雨衣造型的遗留。巴尔玛外套具有穿着舒适、运动自如和防雨的优点。领角的纽孔、斜插袋的封扣和袖襻仍保持着其原有的功能和风格，显示了此款服装在服装历史上的演变过程，具有怀旧感。巴尔玛外套在服装搭配上很自由，经常和西装、毛衣等组合穿用（图 6-3）。

　　战壕风衣外套是第一次世界大战时英国士兵的野外

图 6-2　标准版波鲁外套

堑壕服，战后迅速风靡世界，是现代风衣的经典。此类风衣一般为双排扣，拿破仑领，插肩袖，右胸有活育克，肩部有肩襻，袖口有袖襻，后片有活育克。此类风衣帅气、大方，抵御风雨的功能优良，备受人们喜爱。战壕风衣外套的袖子一般比普通外套的袖子长，这是因为袖口有袖襻。后开衩的设计采用封闭型的暗衩结构，里层设有内垫布，可增大下摆的活动量，在制作时将其做成封闭而对称的暗褶，具有防风雨功能。战壕风衣外套的兜位设计一般要低一些，因为腰带要系在兜盖的上边（图6-4）。

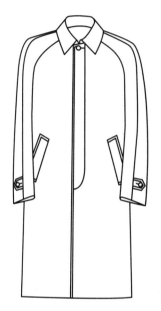

图6-3　标准版巴尔玛外套

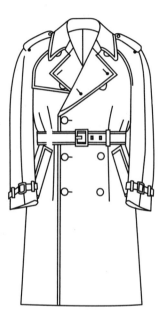

图6-4　战壕风衣外套

　　达夫尔外套的结构形成主要与渔业和防寒相关，起源于北欧渔民服。在第二次世界大战时期，水兵作战时达夫尔外套保暖、防水的优点展露出来，被英国海军用作军服。大牛角纽扣主要是为了水兵戴手套时方便系而设计的。达夫尔外套在战后逐渐演变为一种运动休闲外套。面料通常采用较厚的双层复合粗纺呢料，口袋为明袋，明扣襻。达夫尔外套为了适合户外运动穿着，衣长一般设计为短外套的长度，衣身一般采用直身型无省结构，在下摆侧缝处一般设有开衩，以满足腿部运动的需要。在肩部设有连体结构的大肩盖布，四周用明线固定。前门襟的扣襻采用明装结构，搭襻用三角形的皮革固定皮条制成，也有用粗麻绳代替皮条的，搭扣一般采用骨质或硬木质材料。达夫尔外套的袖子一般为连体的两片袖结构，绱袖时肩压袖子，肩部缉明线。达夫尔外套有帽子，帽檐内两侧设有圆弧形襻来调节帽口的大小。帽口与前颈窝会合处有一个可拆卸的挡风牌（图6-5）。

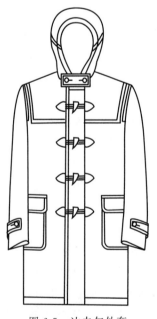

图6-5　达夫尔外套

二、按用途分

大衣、风衣类的服装按用途可分为风衣、雨衣、秋冬大衣、防寒大衣、军用大衣、制服大衣、礼服大衣等。其中风衣外套是最具备实用功能的，它起源于第一次世界大战中士兵所穿着的战壕外套，当时主要是用于士兵在雨中作战，肩襻的设计主要是为了防止武器带的滑脱，右胸有覆肩，形成左右重叠的防风防雨功效，后披肩起到同雨披一样的作用。男风衣面料的选择多为防雨涤卡或新型防雨复合型面料，也有毛料或涤棉混纺的面料。防寒大衣一般内有填充物，以抵御严寒。制服大衣代表了相关的职业，不同职业的制服大衣不允许互相混用，这类大衣依职业不同而各不相同，如飞机空勤人员穿着的大衣、海军军官穿着的大衣、酒店保安穿着的大衣等。

礼服类大衣强调大衣的礼仪规范性，在社交场合尤为重要。如柴斯特外套、礼服版柴斯特外套在款式上要求戗驳头，单排扣暗门襟。一般礼仪性外套的加放量相对较小，大衣外轮廓趋向 X 造型，修身性好。

第二节
男大衣、风衣款式结构变化设计

一、男大衣、风衣领子结构设计

戗驳头、平驳头、青果领是男大衣中常见的领型，在结构设计制图上与西服领类似。风衣的领子多为拿破仑领，由领座和翻领两部分构成，其特点为领面的下弯度大于领底的上翘度，翻折后领面与领座空隙较大，翻折线不固定，领型较为自然随意。

倒挂领有一片的，也有分体两片的。一般分体两片的倒挂领领身经过挖领角处理，分为领面和领座，领腰的尺寸被缩短，领子中腰贴合颈部，领子挺拔，造型效果好。小翻领可翻可立，同样也可以经过挖领角处理，变为两片，即由领面和领座两部分组成（图 6-6）。

二、男大衣、风衣门襟结构设计

大衣的门襟设计分为明门襟和暗门襟两大类，根据搭门的宽度可分为单搭门和双搭门。男风衣的门襟多为明门襟双排扣。有的休闲大衣前止口缉拉链。柴斯特外套、波鲁外套的门襟为西服式门襟，此类外套的御寒防风性较弱，从更多层面上强调传统性与礼仪规范。

(a)戗驳头大衣领　　(b)平驳头大衣领

(c)拿破仑领　　(d)倒掼领　　(e)小翻领

图6-6　大衣、风衣领子结构设计

　　达夫尔外套的门襟和暗门襟的设计显然增强了防风和防雨性，在注重保暖等功用性的同时也注重服装在历史演变过程中的遗留。如达夫尔外套的门襟，采用搭扣的形式，源于北欧的渔民装。一些户外休闲、户外作业大衣或专用御寒大衣多注重保暖性。款式时尚的时装类大衣的门襟设计多注重设计感，追求视觉效果（图6-7）。

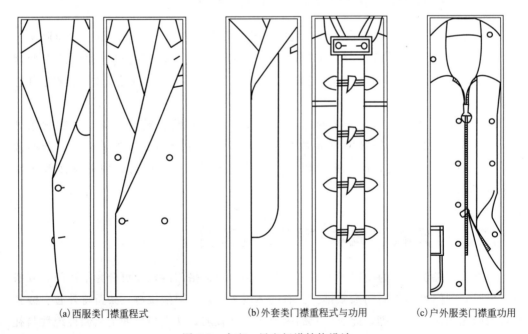

(a)西服类门襟重程式　　(b)外套类门襟重程式与功用　　(c)户外服类门襟重功用

图6-7　大衣、风衣门襟结构设计

三、男大衣、风衣袖子结构设计

男大衣、风衣的袖子一般可分为两大类，一类是圆装袖，一类是插肩袖。插肩袖又可分为一般插肩袖和半插肩袖。圆装袖结构多用在较合体的 X 形外套上，更强调工艺和造型的功利性，插肩袖和半插肩袖结构适用于箱形（H 形）和宽松外套，因为它具有良好的活动性、防寒性和防水性的功能。男风衣的插肩袖一般为两片，但也有三片式插肩袖。

战壕风衣的袖子上面带有袖襻，在第一次世界大战时，战壕风衣袖子上的袖襻、肩襻可以悬挂物品，袖襻可收缩以调节袖口宽度，收紧时可防尘保暖。现在许多大衣、风衣的袖子上面都装有袖襻，但仅作为装饰使用，以加强款式效果，功能性已经丧失（图 6-8）。

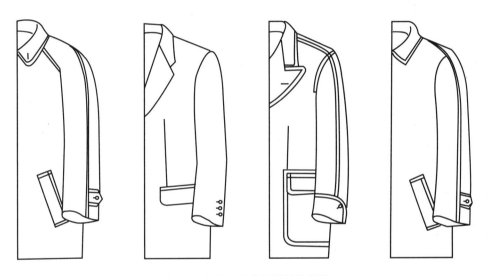

图 6-8　大衣、风衣袖子结构设计

第三节
男大衣、风衣制图与工艺流程

表 6-1～表 6-5 列出了男长大衣各种规格。

表 6-1　男长大衣规格（5·4系列）　　　　　　　　　单位：cm

成品规格　部位 \ 中间体	170/88Y	170/88A	170/92B	170/96C	分档数值
衣长	116	116	116	116	3
胸围	116	116	120	124	4

续表

中间体　成品规格　部位	170/88Y	170/88A	170/92B	170/96C	分档数值
袖长	63	63	63	63	1.5
总肩宽	47	46.6	47.4	48.2	1.2
设计依据	衣长=3/5号+14　　袖长=3/10号+12　　胸围=型+28　　总肩宽=肩宽(净体)+3				

表 6-2　男长大衣规格系列表（5·4系列，Y体型）　　　　单位：cm

成品规格　部位	型		76	80	84	88	92	96	100
胸围			104	108	112	116	120	124	128
总肩宽			43.4	44.6	45.8	47	48.2	49.4	50.6
号	155	衣长		110	110	110			
		袖长		58.5	58.5	58.5			
	160	衣长	112	112	112	112	112		
		袖长	60	60	60	60	60		
	165	衣长	114	114	114	114	114	114	
		袖长	61.5	61.5	61.5	61.5	61.5	61.5	
	170	衣长	116	116	116	116	116	116	116
		袖长	63	63	63	63	63	63	63
	175	衣长		118	118	118	118	118	118
		袖长		64.5	64.5	64.5	64.5	64.5	64.5
	180	衣长			120	120	120	120	120
		袖长			66	66	66	66	66
	185	衣长				122	122	122	122
		袖长				67.5	67.5	67.5	67.5

表 6-3　男长大衣规格系列表（5·4系列，A体型）　　　　单位：cm

成品规格　部位	型		72	76	80	84	88	92	96	100
胸围			100	104	108	112	116	120	124	128
总肩宽			41.8	43	44.2	45.4	46.6	47.8	49	50.2
号	155	衣长		110	110	110	110			
		袖长		58.5	58.5	58.5	58.5			
	160	衣长	112	112	112	112	112	112		
		袖长	60	60	60	60	60	60		

续表

成品规格 部位		型	72	76	80	84	88	92	96	100
号	165	衣长	114	114	114	114	114	114	114	
		袖长	61.5	61.5	61.5	61.5	61.5	61.5	61.5	
	170	衣长		116	116	116	116	116	116	116
		袖长		63	63	63	63	63	63	63
	175	衣长			118	118	118	118	118	118
		袖长			64.5	64.5	64.5	64.5	64.5	64.5
	180	衣长				120	120	120	120	120
		袖长				66	66	66	66	66
	185	衣长					122	122	122	122
		袖长					67.5	67.5	67.5	67.5

表6-4　男长大衣规格系列表（5·4系列，B体型）　　　单位：cm

成品规格 部位		型	72	76	80	84	88	92	96	100	104	108
胸围			100	104	108	112	116	120	124	128	132	136
总肩宽			41.4	42.6	43.8	45	46.2	47.4	48.6	49.8	51	52.2
号	150	衣长	108	108	108	108						
		袖长	57	57	57	57						
	155	衣长	110	110	110	110	110	110				
		袖长	58.5	58.5	58.5	58.5	58.5	58.5				
	160	衣长	112	112	112	112	112	112	112			
		袖长	60	60	60	60	60	60	60			
	165	衣长		114	114	114	114	114	114	114		
		袖长		61.5	61.5	61.5	61.5	61.5	61.5	61.5		
	170	衣长			116	116	116	116	116	116	116	
		袖长			63	63	63	63	63	63	63	
	175	衣长			118	118	118	118	118	118	118	118
		袖长			64.5	64.5	64.5	64.5	64.5	64.5	64.5	64.5
	180	衣长					120	120	120	120	120	120
		袖长					66	66	66	66	66	66
	185	衣长						122	122	122	122	122
		袖长						67.5	67.5	67.5	67.5	67.5

表 6-5　男长大衣规格系列表（5・4 系列，C 体型）　　　　单位：cm

成品规格 部位 ＼ 型			76	80	84	88	92	96	100	104	108	112
胸围			104	108	112	116	120	124	128	132	136	140
总肩宽			42.2	43.4	44.6	45.8	47	48.2	49.4	50.6	51.8	53
号	150	衣长		108	108	108						
		袖长		57	57	57						
	155	衣长	110	110	110	110	110	110				
		袖长	58.5	58.5	58.5	58.5	58.5	58.5				
	160	衣长	112	112	112	112	112	112	112			
		袖长	60	60	60	60	60	60	60			
	165	衣长	114	114	114	114	114	114	114	114		
		袖长	61.5	61.5	61.5	61.5	61.5	61.5	61.5	61.5		
	170	衣长		116	116	116	116	116	116	116	116	
		袖长		63	63	63	63	63	63	63	63	
	175	衣长			118	118	118	118	118	118	118	118
		袖长			64.5	64.5	64.5	64.5	64.5	64.5	64.5	64.5
	180	衣长				120	120	120	120	120	120	120
		袖长				66	66	66	66	66	66	66
	185	衣长					122	122	122	122	122	122
		袖长					67.5	67.5	67.5	67.5	67.5	67.5

一、礼服类男大衣、风衣制图原理

（一）礼服类男大衣、风衣的特点

柴斯特外套在男装中属第一礼服外套。礼服版柴斯特外套一般为单排扣戗驳头暗门襟，翻领部分常用黑色天鹅绒配料，体现出英国男装礼仪的传统风范。

成品规格：

部位	衣长	胸围	肩宽	袖长	领座	领面
尺寸/cm	95	112	46	62	3	4

（二）礼服类男大衣、风衣制图步骤（图 6-9）

（1）前片制图

① 画出上平线、下平线，确定衣长为 95cm。

② 袖窿深为 B/5＋4＝26.4cm。

③ 腰节线为身高/4＝42.5cm。

④ 前胸宽为 B/6＋2＝20.6cm，前胸围大为 B/3－1.3＝36cm。

⑤ 前领口宽为 B/12＋1.5＝10.8cm，B/12－1＝8.3cm。

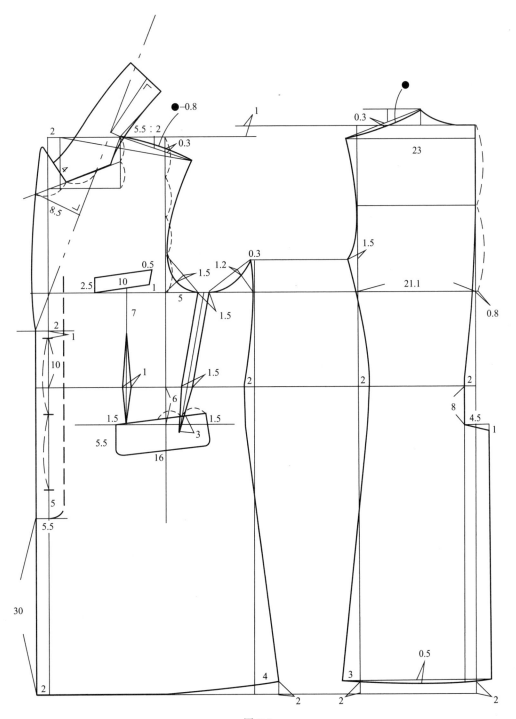

图 6-9

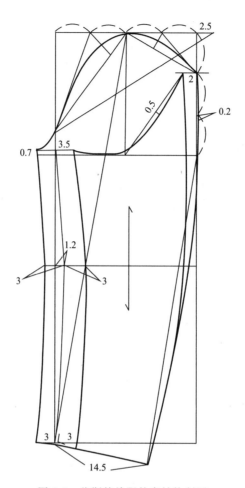

图 6-9 柴斯特礼服外套结构制图

⑥ 前肩斜度为 5.5∶2。

⑦ 前肩宽度为 S/2。

⑧ 确定翻折止点、翻折基点，画出翻折线。

⑨ 驳头宽度为 8.5cm。

⑩ 画出驳头，衣身领窝的造型。

⑪ 将袖窿深四等分，确定袖窿的翘度为 5.5cm，画圆顺袖窿。

⑫ 腰部向内收进 2cm，底摆向外 4cm，向上抬 2cm。

⑬ 画出胸兜、大兜和腰省。

⑭ 画出暗门襟的宽度 5.5cm，画出扣位，末位扣距下端 5cm，第一粒扣距翻折止点 1cm，平分取 3 粒扣。

（2）后片制图

① 延长前片上平线，袖窿深线，腰节线，底摆线，后上平线在前片的基础上上抬 1cm。

② 后背宽为 B/6＋2.5＝21.1cm。

③ 将前袖窿翘延长，确定后袖窿翘。

④ 后领口宽为 B/12＝9.3cm。

⑤ 后领深为 2.5cm。

⑥ 后肩宽度为 S/2。

⑦ 腰节处收腰量侧缝和后背缝各 2cm。

⑧ 侧缝底摆处向外 3cm，上抬 2cm，后中处下落 0.5cm。

⑨ 后开衩在腰节处向下 8cm，宽度 4.5cm。

（3）衣领制图

① 量取后领口的弧长 10.5cm。

② 将翻驳线延长，确定后领口弧长。

③ 确定领子的倒伏量为 2.5cm。

④ 确定领面和领座的尺寸之和为 7cm。

（4）袖子制图

① 测量衣身的袖窿弧长为 56.6cm。

② 确定袖山高，参考为 AH/3＝18.5cm。

③ 在袖山高线上上抬 3.5cm 测量 AH/2，并在袖上平线上缩进 2.5cm。

④ 确定袖长，斜量 62cm。

⑤ 确定袖口宽，经袖长斜线做垂直，长为 14.5cm。

二、普通类男大衣、风衣制图原理

（一）普通类男大衣、风衣的特点

此款为普通男风衣，是战壕风衣中的常见经典款式。领子为拿破仑领，前门襟为双排扣，袖子为圆装两片袖。前后身的覆肩为活覆肩，可以遮挡雨雪。面料适合选择防雨类化学纤维面料、锦纶类风衣面料、防雨复合面料等。

成品规格：

部位	衣长	胸围	肩宽	袖长	领围
尺寸/cm	110	112	46	63	44

（二）普通类男大衣、风衣制图步骤（图 6-10）

（1）前片制图

① 绘制上平线、下平线，确定衣长为 110cm。

② 袖窿深为 B/5＋4＝26.4cm。

③ 腰节线为身高/4。

④ 前胸宽为 B/6＋2＝20.6cm。

⑤ 前胸围大为 B/4＋4＝32cm。

⑥ 搭门宽度为 9cm。

⑦ 画出前撇胸 1cm，前领口宽度为 8.8cm，前领口深度为 9.8cm。

⑧ 前肩斜度为 5.5：2，斜量前肩宽为 S/2。

⑨ 将袖窿深三等分，圆顺袖窿曲线，侧缝处起翘 1.5cm。

⑩ 底摆向外 5cm，向上起翘 2cm。

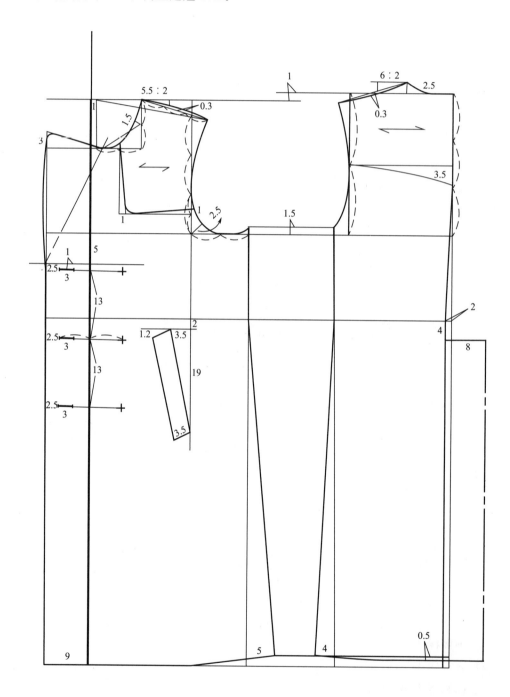

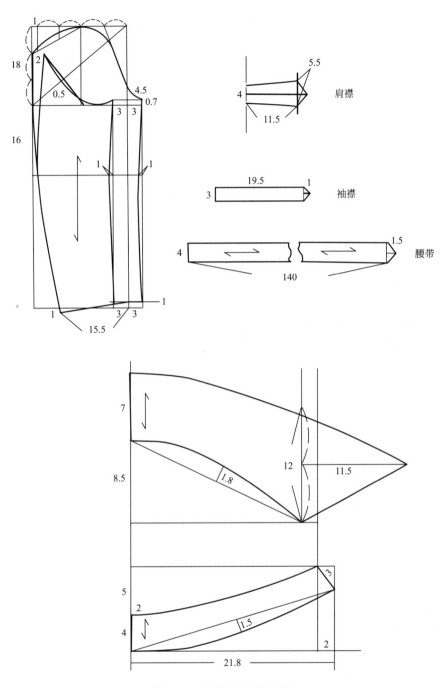

图 6-10 战壕风衣结构制图

⑪ 胸围线向下 5cm，确定翻驳的止点，撇胸向内 1cm，确定翻驳线，画出驳头的形状。

⑫ 画出前育克、前兜牌兜。

⑬ 确定扣位。扣间距 13cm，扣眼大小 3cm，距边 2.5cm。

（2）后片制图

① 将前片上平线、袖窿深线、腰节线、下平线延长，后片上平线在前片的基础上上抬 1cm。

② 后背宽为 B/6+2.5=21.1cm。

③ 后胸围大为 B/4-4=24cm。

④ 后领口宽为 8.8cm。

⑤ 后中收腰 2cm，底摆向外 4cm。

⑥ 后开衩 8cm 宽，为连裁。

（3）袖子制图

① 确定袖长为 63cm。

② 在袖山高 AH/3 的基础上调整。

③ 袖肘线为衣身腰节的延长线。

④ 斜量袖肥 AH/2=56cm。

⑤ 确定袖口宽度 15.5cm。

三、休闲类男大衣、风衣制图原理

（一）休闲类男大衣、风衣的特点

此款男大衣为单排扣，插肩袖款，领子为一片翻领。衣身造型宽松休闲。面料适合选择呢子面料、羊绒面料等。

成品规格：

部位	衣长	胸围	肩宽	袖长	领围	袖口
尺寸/cm	110	114	48	62	40	18

（二）休闲类男大衣、风衣制图步骤（图 6-11）

（1）前片制图

① 画上平线、下平线，确定衣长为 110cm。

② 袖窿深为 B/5+7=29.8cm。

③ 腰节线为身高/4=42.5cm。

④ 前胸宽为 B/6+2=21cm。

⑤ 前胸围大为 B/4=28.5cm。

⑥ 前搭门的宽度为 3cm。

⑦ 画出前撇胸 1cm。

⑧ 前领宽为 8cm，前领深为 8.5cm，画圆顺领口。

⑨ 前肩斜度为 5.5∶2。

⑩ 前肩宽度（斜量）为 24cm。

⑪ 从肩端点向外延伸 1cm，画 10cm×10cm 的等腰三角形，确定插肩袖的倾斜角

度，并确定袖长为62cm。

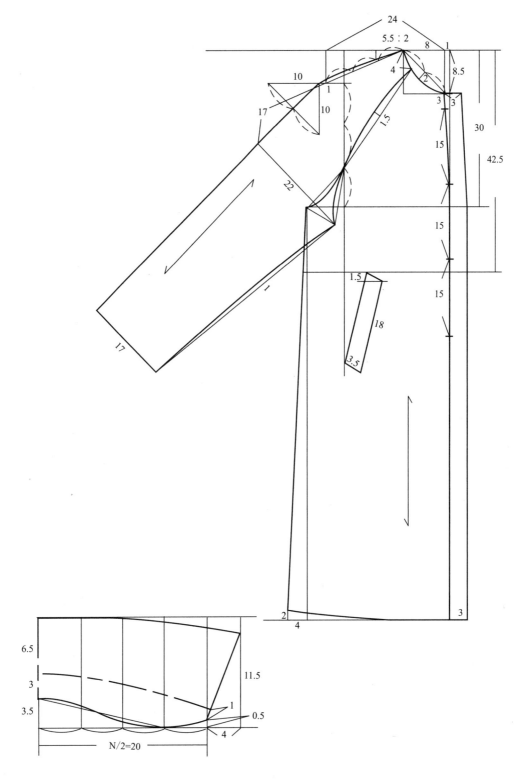

图 6-11

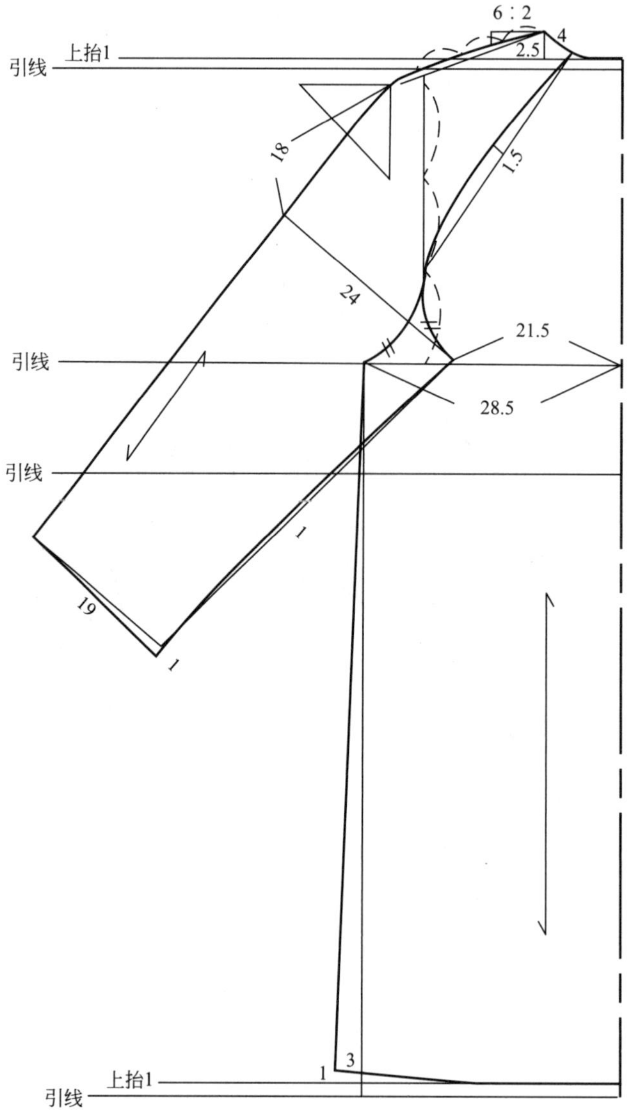

図6-11 中的标注：

6 : 2

上抬1

引线

2.5

4

18

1.5

24

21.5

引线

28.5

引线

4

1

19

引线

上抬1

3

1

图 6-11　休闲类男大衣结构制图

⑫ 量取袖山高 17cm，袖肥 22cm，袖口为 $18-1=17$cm。

⑬ 量取人字拐点以下衣身和袖身的弧线长度相等。

⑭ 底摆处向外 4cm，起翘 2cm。

⑮ 画兜牌兜长 18cm，宽 3.5cm。

⑯ 确定扣位，第一粒扣从领深向下 3cm，扣间距 15cm。

（2）后片制图

① 将上平线、袖窿深线、腰节线、下平线延长。

② 将上平线上抬 1cm，下平线上抬 1cm。

③ 后背宽为 $B/6+2.5=21.5$cm。

④ 后背宽为 $B/4=28.5$cm。

⑤ 后领口深为 2.5cm，后领口宽为 8cm。

⑥ 后肩斜为 6∶2。

⑦ 从肩端点向外延伸 1cm，画 10cm×10cm 的等腰三角形，将等腰三角形的底边二等分，下落 0.5cm，确定插肩袖的倾斜角度，并确定袖长为 62cm。

⑧ 袖山高为 18cm，袖根肥为 24cm，袖口为 19cm。

⑨ 量取人字拐点以下衣身和袖身的弧线长度相等。

⑩ 底摆处向外 3cm，起翘 1cm。

四、排料、裁剪

（一）面料

此款大衣的面料选用双面羊绒面料，由于双面羊绒具有倒顺毛，所以衣身的排料均为同一方向，不能颠倒。其排料见图 6-12。

（二）面料、辅料用量

（1）面料用量　此款大衣成品胸围 118cm，衣长 115cm，宽幅 144cm，面料的用量大约为 2.8m。

（2）有纺衬　1 个衣长。

（3）兜布　30cm。

（4）扣　6 粒衣身扣，6 粒袖扣，1 粒按扣。

（三）排料、裁剪

（1）排料、裁剪时要注意的几个问题

① 起绒面料要注意毛的方向性。

② 有条格面料要注意对条对格。

③ 领子的纱向为横纱向。

④ 胸兜、兜盖的纱向与衣身相同。

（2）裁剪男大衣主料明细

① 前片衣身 2 片。

② 后片衣身 2 片。

③ 领面 1 片，领底 1 片。

④ 兜盖 2 片，兜牙 2 片，里怀兜兜牙 2 片。

⑤ 贴边 2 片。

⑥ 大袖片 2 片，小袖片 2 片。

（3）裁剪男大衣辅料明细

① 前身里子 2 片。

② 后身里子 2 片。

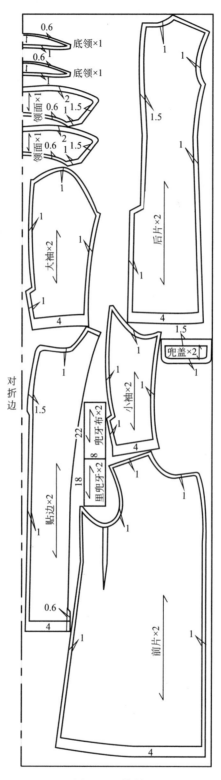

图 6-12　排料

③ 大袖片里子 2 片，小袖片里子 2 片。

④ 兜盖里子 2 片。

⑤ 兜布 4 片，垫袋布 2 片（带兜盖大兜）。

⑥ 兜布 4 片，垫袋布 2 片，2 片三角兜盖 12cm×12cm。

⑦ 胸衬一对，垫肩一对，袖窿条一对。

五、男大衣、风衣制作流程

（1）打线钉

① 前衣片。驳口线、兜位、省位、底摆折边、绱袖点、腰节线。

② 后衣片。腰节线、底摆折边、绱袖点、背缝线、开衩位置。

③ 大袖片。袖口折边、袖肘线、袖山高点、袖对位点。

④ 小袖片。袖口折边、袖肘线、袖窿底点、袖对位点。

（2）粘衬　粘衬部位有大身、领面、领里、后开衩、袖口、袖开衩、兜口、兜牌、贴边等。

（3）收省、缉省　在省的下边放薄料的垫省布，省尖要尖，缉线要顺直。

（4）归拔前后衣片、袖片

① 归拔前片。

a. 将省劈缝烫开，归拢袖窿，将余量推向胸部丰满处。

b. 驳头处略向内归拢，推向胸部，将胸部浮起余量烫均匀。

c. 将第一粒扣眼以下的止口烫直，底摆的弧度略归拢。

d. 外肩点的斜丝朝上拔，横开领略拉大。

e. 腰节的最细处拔开，略拔直。

② 归拔后片。

a. 在后背处和袖窿处略归拢，将产生的余量推向后肩胛处。

b. 将腰节最细处的凹势拔开，将臀部归拢。

c. 将肩部的横丝推向肩胛处，外肩点略拔开，背部肩胛处的凸势烫均匀。

③ 归拔袖片。将大袖片前袖肘处拔开，外袖缝归拢。外、内袖缝上端 10cm 处归拢。

（5）做插袋

① 兜牌用直纱向，将兜牌扣好，缉缝 0.8cm 明线，将小片袋布与缝头缉上。

② 在袋位反面粘衬，缉缝垫袋布和兜牌，两线相距 1.5cm，垫袋布的两端各缩进 0.3～0.5cm。

③ 开袋，在两条缉线之间剪开，两端打 Y 字形剪口，注意不要剪过。

④ 将垫袋布翻转，缝头劈缝烫开，将大片兜部放平，在垫袋布的分缝处缉 0.1cm 的明线，固定下层兜布。将衣身的缝头和兜布固定上。将垫袋布和大片兜部缉上。

⑤ 将兜牌的两端封上，边缘可用手针暗缲上。

（6）附胸衬　将胸衬整烫，在对应人体最高处的地方烫出弧度。将胸衬离开前衣片驳口线 1cm，要三条线固定。

① 先固定中间的一条线，从肩头向下 10cm 起针，上端不固定。

② 从距离肩部 10cm 起针，距离翻折线 2cm。

③ 从肩头 10cm 起针，经袖窿的边缘至腋下。

附好后修剪胸衬，将胸部的胸高量烫出来，将肩部和袖窿处多余的部分净掉。

（7）拉纤条　在驳折线处用 2cm 的直丝有纺衬固定，略微拉紧一些，然后用三角针固定胸衬和身，正面只缝透一两根纱线。纤条在串口和领角处平拉，在驳头外口中段拉紧一些，在驳头扣眼以下平拉，到下摆底边拐角处略紧。

（8）贴边及底摆滚条　包边条 45°正斜纱向，宽度 2～2.5cm。将包边条与贴边正面相对，缝头对齐，绱 0.4cm，底摆同样做法。

（9）做里袋　里袋为双牙兜，采用直丝纱向作为兜牙，12cm×12cm 为三角形兜盖。

（10）附贴边　将贴边与前片正面相对，用手针绷缝固定。绷缝时，要做出驳头的里外容量，止口部位要平服。摆角处的挂面要紧一些。

（11）勾止口、剔缝头　将止口勾好，剔缝头，面的缝头 0.6cm，贴边的缝头 0.8cm，用手针襻止口，将缝份固定。

（12）翻止口　将止口翻过来，用白棉线斜着距边 1cm 固定，注意止口要顺直。

（13）做后背衩　方法与男西服相似，不同之处是男大衣后背缝要绱止口明线。面绱 0.8cm 的明线，绱到开衩止点处停止，做开衩，将明线接上。

（14）合侧缝　将前后片的面里的侧缝合上。整个后片及前片缝大八字形大针码固定。

（15）袖窿拉袖窿条　将面的袖窿反面拉袖窿条，用倒回针针法将袖窿弧度最大的地方拉紧。

（16）扣烫折边、净里子折边　将面的折边扣烫，用白棉线大针码固定。里子的边折好后绱 0.1cm。

（17）绱垫肩　将垫肩用八字针与胸衬固定。

（18）合肩缝　将面的前后肩缝缝合，劈缝烫开。里子的缝头倒缝。

（19）缝领口　大针码白棉线固定领圈，纱向斜度大的地方可用倒回针。

（20）做领子

① 领面粘无纺衬，粘两头。

② 将领面的大片与小领座接上，缝头 0.6cm，缝头劈缝烫开，上下各绱 0.1cm。

③ 将领面的下口肩缝处拔开，上口肩缝处归拢。

④ 将领底的大片、小领座毛棕剪净，毛棕的纱向为正斜。注意领面的下口带 0.6cm 缝头。

⑤ 将毛棕用糨糊粘在领底上，领面绱 M 形线迹，领底绱等宽横线。

⑥ 将领底的大片与小领底座按 0.6cm 绱上，然后在领底上绱 0.1cm 的线固定缝头。

⑦ 做领子里外容。将领底归拔，使其与领面形态一致。领面与领座正面相对，将

缝头错开 0.6cm，大针码八字形固定，在领子的两头做出窝势，注意里外容量。

⑧ 勾缝领子、剔缝头。领子勾缝之后翻过来，将领面的缝头剪成 0.8cm，领底缝头 0.6cm。

⑨ 扣净领下口缝头。

（21）绱领

① 将衣身领圈的净线画好，肩缝、后中、驳头处绱领点对准，将领面和衣身里子缝合，串口处缝头劈缝。

② 领底手针缲缝。

（22）合袖片、缉明线。

（23）绱袖　袖子抽袖包，距边 0.7cm，找好对位点，手针假缝，后车缝。

（24）绱袖窿条　将袖窿条按照绱袖的线迹重合上。袖窿条在肩头打剪口，缝头劈缝。

（25）固定　将袖窿条与垫肩固定，缝到胸衬上，一圈袖窿全部手针固定上。

（26）止口、驳头、领子缉明线。

（27）锁眼，整烫，钉扣。

第七章
男装纸样调整

第一节
男西裤的纸样调整与修正

一、特殊体型的调整

1. 腹部突出的裤型纸样调整（图 7-1）

腹部突出的人，穿上标准规格的西裤会出现腹部紧绷，严重者拉链难以闭合，产生较强的压迫感；外观上，前门襟下段出现"八"字状褶皱；裤片的前腰围下口出现横向的褶皱等现象。为改正这些问题，可以调整放高前门襟的翘势，使裤腰呈翘起形状。凸肚越小，翘势越少；凸肚越大，翘势越多。也可同时开落前裆深，以达到加长前门襟弧长的目的。为了不影响裤子原来的长度，必须在脚口处把下落的立裆深的量再放出来；凸体型人的腰部偏大、臀围小，因此省和褶裥都要更小一些，制版时先考虑前片收一个褶裥，再将后片省变小，或两个省变一个省，最后采取不收前片褶裥的方法，以达到腰围的尺寸；凸肚体在后片侧缝上口也要向外放出，脚口向里画进，使后侧缝更为倾斜。

2. 臀部突出的裤型纸样调整（图 7-2）

臀部丰满、突出是臀部突出体型者的特征，这类人穿上标准规格的西裤会出现后裆缝吊紧，后裆缝产生明显的链状线条；后臀部绷紧严重，下蹲时感觉不方便，甚至难以蹲下；侧袋袋口不平整，袋有豁口现象；后裤脚口朝后豁并稍吊起，运动时感觉不方便。为改正这些问题，可以将后侧缝从腰口至中裆线此段尽量放出并画顺；同时在后裆缝相应增加倾斜角度并将后翘抬高，以控制腰围尺寸，臀部越丰满，后翘越高；也可将横裆线向下移，增加后裆量，为了不影响裤子原来的长度，必须在脚口处把下落的立裆深的量再放出来。

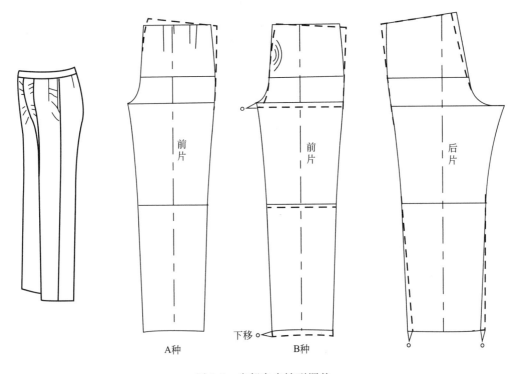

A种　　　　　　　B种

图 7-1　腹部突出裤型调整

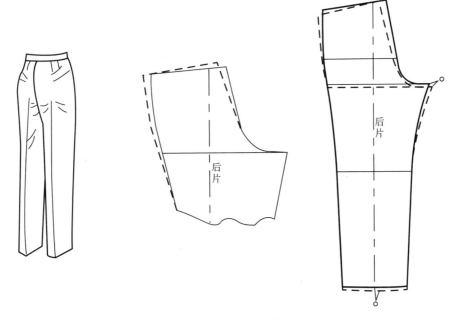

图 7-2　臀部突出裤型调整

3. 腹部、臀部突出的裤型纸样调整（图 7-3）

　　腰部、腹部、臀部均丰满、突出，此体型人穿上标准规格的西裤会出现前门襟吊紧并起链形，因腹部隆起而有紧绷感；前门襟出现难以弥合的现象；由于总臀围尺寸偏小，两侧插袋口豁开，能看见裤袋布上的垫袋布；下裆缝出现明显的上吊，外侧缝感到短促。为改正这些问题，可以将前后的侧缝向外放大，凸肚越大，放量便越大，放量值一般控制在 0.5～1.5cm；另外加长侧缝的长度，应在中裆线处水平剖开，缺口处展开值控制在 0.5～3cm；延伸外侧缝相对地缩短了里侧的下裆缝，脚口也跟随做了转动的移位；加大前后裆缝起翘量，尺寸控制在 1～3cm，可以增加腹部和臀部的活动量；加大大裆的尺寸，控制在 1～4cm。

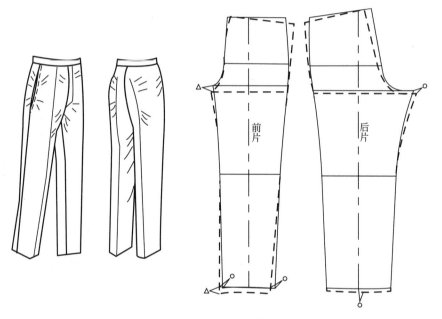

图 7-3　腹部、臀部突出裤型调整

4. 臀部扁平的裤型纸样调整（图 7-4）

　　臀部消瘦、不丰满、臀位较低，此体型人穿上标准规格的西裤会出现后腰与后缝均下沉的感觉，后腰省不平服合体，裤子的后臀部宽松，有明显的空洞感，并出现横向的链形褶皱。为改正这些问题，可以将后裆缝倾斜角度减小。臀部越平，空间越多；反之，则越少。扁平的臀部还应改平后翘程度，男裤的后翘掌控在 1～1.5cm。后侧缝同步改进、变直，从上到下画顺后缝线。省位也需要重新调整，两只省收长或改小，使后腰部产生略向上窜高的趋势，这样既可减少横向褶皱，也贴合人体。

5. X 形腿的裤型纸样调整（图 7-5）

　　X 形腿的人小腿在膝盖以下向外撇，穿上标准规格的西裤会出现里侧下裆缝呈斜向链形的褶皱，X 形越严重，链形褶皱越明显。前挺缝线对不准鞋尖或只有一侧能对准。为改正这些问题，可将裤子的内缝下裆线延长，在纸原型的膝盖骨处将基本横线剖开，开口在下裆缝。由于 X 形腿的下段向外撇 0.5～1.5cm，故裤片内侧下裆缝大于外侧

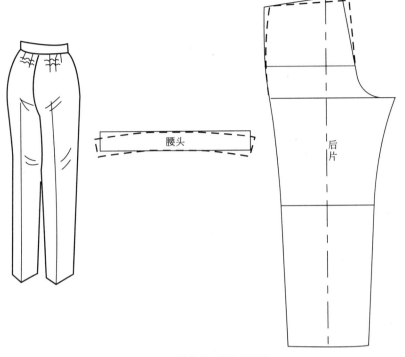

腰头

后片

图 7-4 臀部扁平裤型调整

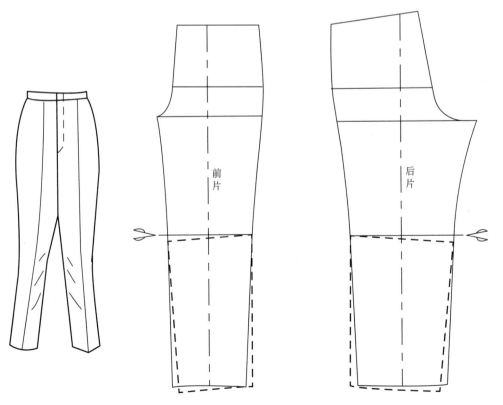

前片

后片

图 7-5 X形腿裤型调整

缝。外撇越大则展开越大，反之则越小。根据展开，脚口也做了转动的移位。

6. O 形腿的裤型纸样调整（图 7-6）

O 形腿的人两脚并拢时，腿从下裆开始至脚掌都远离中心线，特别是两膝盖外张，呈 O 字形，穿上标准规格的西裤会出现裤侧缝下端呈现较明显的斜向链形褶皱。前挺缝线对不准鞋尖或仅一侧能对准。为改正这些问题，可将裤子在原型的膝盖处，将开口在外侧缝沿基本横线剖开，展开值控制在 0.5～1.5cm。裤片的外侧缝大于内侧缝，内撇越大展开越大，反之则越小。

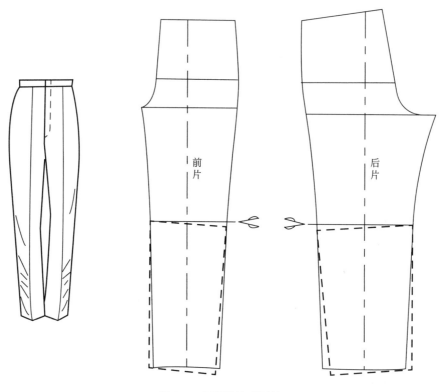

图 7-6　O 形腿裤型调整

二、裁剪、缝纫调整

1. 前、后裤片中挺缝歪斜时裤型纸样调整（图 7-7）

穿着时前挺缝线和后挺缝线在自然立正状态下均向两侧豁开，前挺缝线对不准鞋尖。中挺缝线向外偏斜的补正方法：可在前片或后片补正，也可在前、后两片同时补正，看具体情况而定。可将裤子门襟腰口线起斜，将多余去掉 0.3～0.5cm，小裆相应开落，并重新画顺前裆缝弧线。此时挺缝线向中心处靠拢，裆缝的下段同步放出，后裤片同样移位，裤片向外偏斜。由于前裆下落后，前片裆缝已减短，故后片裆缝相应改短，在脚口线处画斜改短，使前后片裆缝长度相同。

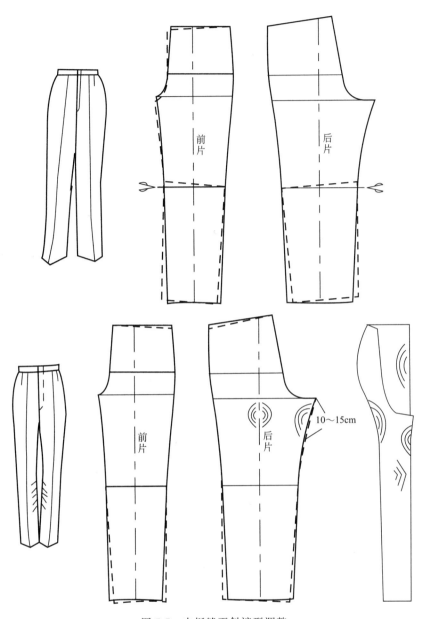

图 7-7　中挺缝歪斜裤型调整

　　穿着时前挺缝线和后挺缝线在自然立正状态下均向内缝倾斜，挺缝线同样对不准鞋尖。导致这样的主要原因是前、后片丝缕不正，挺缝线没与裤料的经纱保持平行。挺缝线等基本线要全部纠正包括腰口线。此时挺缝线向中心处靠拢，裆缝的下段同步放出，后裤片同样移位，裤片整体向内偏斜，从中裆缝以下部位开始均向裤侧缝方向偏移。另外运用归拢工艺使横裆收小，后裤片可在大裆下 10～15cm 处酌情拔平，不宜太凹陷，以有效防止裆缝吊紧。

2. 前小裆不平整的裤型纸样调整（图 7-8）

　　穿着时前门襟下面出现几条短的涟形不平整的褶皱，且两侧的涟形近乎对称，专业人士常称之为"胡须"。可以通过加深和减小小裆弧线的方法进行修正。

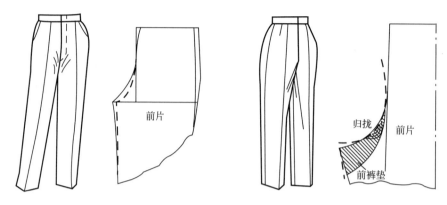

图 7-8　前小裆不平整裤型调整

　　还有一种穿着时前裆下内侧缝呈现对称的两条长褶皱，专业人士常称之为"长胡须"。此现象属于缝制中的技术问题，不是体型造成的。可以将前门襟小裆弧线用熨斗归拢进行修正。另外需注意，一些高级全毛精纺西裤，应加装前、后裤垫。前裤垫似月亮形布料黏敷在前门裆处，可以有效防止缝制中的拉伸。这样就可以避免"长胡须"问题。

3. 后缝夹住、行走不方便的裤型纸样调整（图 7-9）

　　穿着时抬腿困难，行走或下蹲时双腿迈步较困难，臀部裤料被绷紧，后缝严重夹住。膝盖处有被裤料绊住的感觉，下裆缝有拉紧感，坐下时前腹部出现较多的横向链纹，前裆起皱。要改善此现象，首先需要改平前片的翘势，可以下落 0.2～0.5cm，同

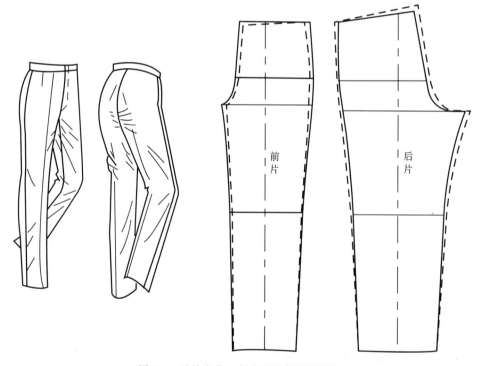

图 7-9　后缝夹住、行走不方便裤型调整

时增加后裆起翘0.5～1.5cm，直至抬腿方便，下蹲舒适为止。前片臀围改小，后片相应放大，前、后片侧缝从腰口线起分别以收小和放大的造型，重新画顺至脚口为止。前门襟减小，从横裆以下的裆缝同样减小，并画顺至脚口为止；大裆宽加大、下裆缝放大后要画顺至脚口。注意画顺下裆缝，不宜太凹，酌情改平坦并画顺。

4. 裤后片紧贴腿部后侧的裤型纸样调整（图7-10）

后臀裤片紧紧贴住大腿根部，小腿处也有紧贴感；后裤片在臀沟处出现重叠褶皱。要改善此现象，首先需要将侧缝改直，将改小的量在后缝相应放出；将过多的后翘改少1～2cm；大裆宽增加并向下画凹，放出后画顺下裆缝，放出的量以后臀部舒适为宜。这样能使穿着者舒适、下蹲方便。

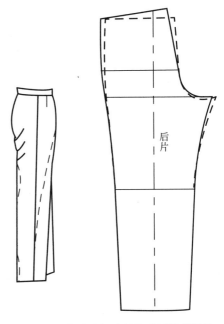

图7-10　裤后片紧贴腿部后侧裤型调整

5. 大腿偏粗或偏细的裤型纸样调整（图7-11）

腰、臀围正常，但大腿粗体型的人，大腿部位特别发达，穿常规西裤时横裆紧绷，后窿门吊紧。为改善此现象，其修正的重点在前后裆部位，可加大前后片的裆宽，将前后裆在17cm左右长处展开；另外，还需放宽横裆至中裆两端间的宽度。

腰、臀围正常，但大腿细体型的人，穿常规西裤时后窿门太松，横裆太宽。修正此现象的重点在后裤片横裆，可减小前后片的裆宽，将前后裆17cm左右长处并和；另外可视腿细程度重叠适当宽度，改小后裆。

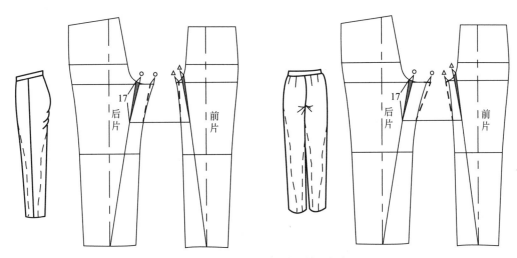

图7-11　大腿偏粗或偏细裤型调整

6. 同样都是低裆裤，为什么男裤的腰头可取直线腰头（图 7-12）

因为腰里料的结构不同，女裤腰头的面料、里料、纱向几乎完全相同，所以以腰头得与人体的腰部形状相似。男裤尽管腰面取直纱向，但腰里采用的是稍薄的斜纱向，又分为上、下两片，且腰里还设置衬里。在装腰时，裤腰口作缝缩，这样也会使男裤腰形成弧形。再者，男女的臀腰差不同，腰头弧形的大小也会有差别。所以，男裤腰头略直，女裤腰头较弯。

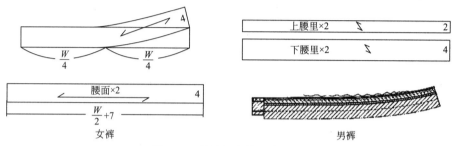

图 7-12　低裆男女裤腰头差别

第二节
男西服的纸样调整与修正

1. 西服袖窿下、腰围以上部位起横绺、过松的纸样调整（图 7-13）

西服在穿着时，袖窿下（即胸围线）、腰围以上部位起横绺、不平服、过松、外观

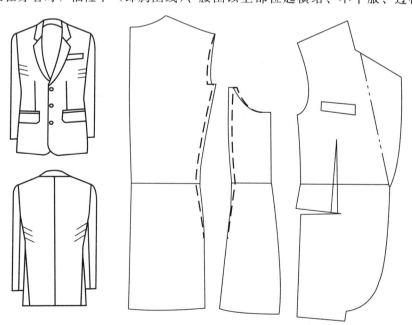

图 7-13　西服袖窿下、腰围以上部位起横绺、过松纸样调整

不好。这主要是由胸围放松量过多，袖窿底（即窿门）过宽引起的。修正方法是在样板上将后侧缝去掉一定放松量，背宽也随之去掉一些。同时袖窿底的腋下侧缝处也需要去掉一些放松量，将侧缝线自然向腰部修圆顺。

2. 西服袖窿下、腰围以上部位起横绺、过紧的纸样调整（图 7-14）

西服在穿着时与上述问题相反，袖窿下、腰围以上部位起横绺、过紧，着装不舒服，外观不好。这主要是源于胸围放松量不够，袖窿底宽度及背宽缺量。修正方法是在样板上将后侧缝及背宽同时相应展开一些放松量。袖窿底的腋下片侧缝处也要展开一些放松量，侧缝线从展开位置自然向腰部画圆顺。

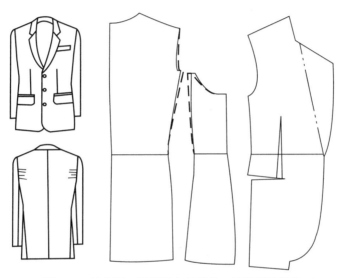

图 7-14　袖窿下、腰围以上起横绺、过紧纸样调整

3. 西服后开衩或侧开衩出现纵向余绺的纸样调整（图 7-15）

西服在穿着时后开衩或侧开衩不顺直，出现纵向余绺。这主要是由臀围较小，臀围

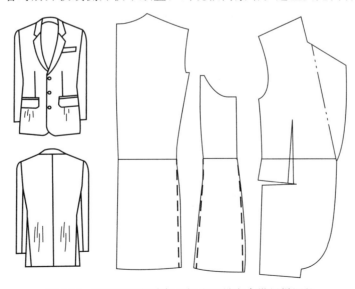

图 7-15　西服后开衩或侧开衩出现纵向余绺纸样调整

放松量过多引起的。修正方法是在样板上从后片及腋下片侧缝处去掉一些放松量，同时腋下片前侧缝也可适当去掉一些放松量。

4. 西服开衩豁开不平服，腰围以下出现横绺的纸样调整（图7-16）

西服在穿着时与上述情况相反，开衩豁开不平服，腰围以下出现横绺。这主要是由臀部放松量过紧，臀部较厚大所致。修正方法是在样板上的修正，与上述方法正好相反，要在侧缝处适当加一定的放松量。

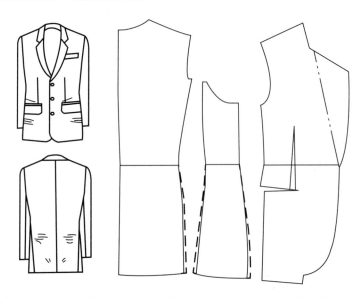

图7-16　西服开衩豁开不平服，腰围以下出现横绺纸样调整

5. 西服前胸宽及背宽出现纵向绺的纸样调整（图7-17）

西服在穿着时前胸宽及背宽出现纵向绺，一般这种情况为肩宽过宽、落肩量不够（或

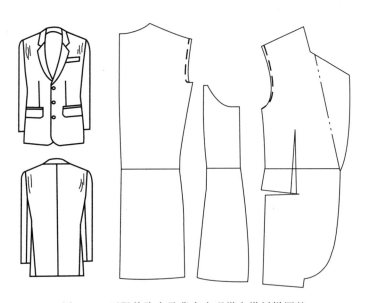

图7-17　西服前胸宽及背宽出现纵向绺纸样调整

垫肩厚度不够）、前后宽尺寸过大所致。修正方法是在样板上适当将肩宽减一些，前肩宽、后肩宽尺寸也要同时相应减量，增加垫肩厚度或落肩量再加一些，以使肩部平服。

6. 西服领子四周不平服的纸样调整（图 7-18）

西服在穿着时，出现环状的皱褶堆积在领子前、后片的衣身处。一般这种情况主要是由落肩量设计不准确、落肩过量或者着装者是端肩所致。修正方法是在样板上适当提升落肩或减少垫肩厚度，或从前、后领口处同时向下一定的量，相对减小肩斜度。

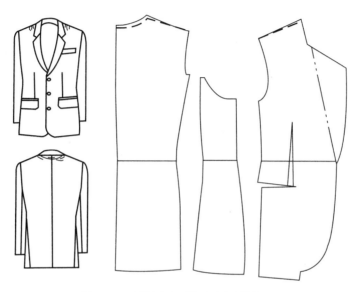

图 7-18　西服领子四周不平服纸样调整

7. 西服后领及领口不平服的纸样调整（图 7-19）

西服在穿着时，后身领下出现余绺或领口下部较紧。这主要是因为在结构设计中，后领窝的位置没有落在人体后脖颈的颈根位置。前者后领深开得过浅，后者后领深开得

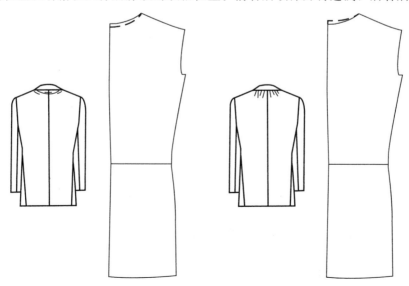

图 7-19　西服后领及领口不平服纸样调整

过深。修正方法是在样板上相应挖深或提高后领深度。

第三节
男大衣、风衣的纸样调整与修正

一、标准男大衣的款式特征

（一）正面

① 大衣领的领口帖服，驳头翻折线顺直，领前的领缺嘴对称。
② 驳头具有"里外容"，有向内自然卷曲的"窝势"。
③ 胸部饱满，肩部平顺。
④ 止口直挺，两边平行，与地面垂直。

（二）背面

① 两侧摆缝要饱满、挺括。
② 后背肩胛处要有一定的放松量，满足手臂的运动。
③ 后背衩顺直。

（三）侧面

① 下摆一圈无波纹或棱角。
② 衣服明线宽度一样。
③ 肩部不起空、不压肩。
④ 袖子的倾斜角度合适，袖口前端大约遮盖住大兜口的 1/2。

服装行业的技师们总结出的快速检查质量的口诀，俗称"五官法"，即男装要五官端正、挺括。

一官：领头、驳头（正面看）；
二官：止口、门襟；
三官：肩胛、山头（侧面看）；
四官：袖子、袖口（侧面看）；
五官：摆缝、后衩（后面看）。

二、特殊体型的征状与补正

1. 挺胸体的纸样调整（图 7-20）

挺胸体的主要征状：衣服前短后长，门襟重叠量增大，前袖窿处出现"八字形"褶皱，胸口处驳头荡开，后片开衩豁开，两侧的摆缝向后倾斜，后片向下倾斜明显，出现斜褶。挺胸体因挺胸的程度不同可分为挺胸体、中度挺胸体、强度挺胸体。

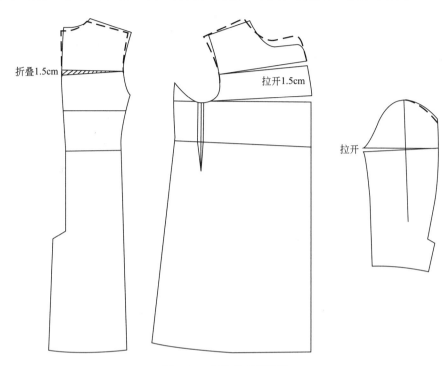

图 7-20　挺胸体纸样调整

原因：挺胸体的前片领宽偏小，前驳头处起空。胸部丰满顶起前衣片，造成前短后长。袖窿处前袖窿偏长，后袖窿偏短。

修改方法和工艺要点如下。

（1）挺胸体　在前身的胸围线处剪开，拉伸 1cm 后，领口向后移动，相当于开宽了领子的横开领。同时，前肩的倾斜角度变斜，袖窿的深度可适当调整。

（2）中度挺胸体　在前身的胸围线处剪开，拉伸 1～1.5cm，增加前衣长的长度，肩点向后移动，肩斜的倾斜角度增加，后片折叠 1cm 左右，将后背长度减短，后片的袖窿深可相应改短。

（3）强度挺胸体　在胸围线处拉开 1～1.5cm，在后背处折叠 1～1.5cm。

挺胸体的袖子大袖片前端可提高 1～1.5cm，后端可适当下落。

2. 驼背体的纸样调整（图 7-21）

驼背体的主要征状：前胸凹陷，衣领驳头处荡空，与身体不服帖，止口门襟处豁开，后片出现紧绷现象，后背衩搅拢。前袖窿处起绺，袖口的前端与手腕紧紧地靠在一起。

原因：驼背体所需要的后衣片长度长，前衣片长度短。后袖窿深度应加长，前袖窿深度应缩短。

修改方法和工艺要点如下。

（1）轻度驼背体　前片不调，后片在背部挖开 0.5～1cm。

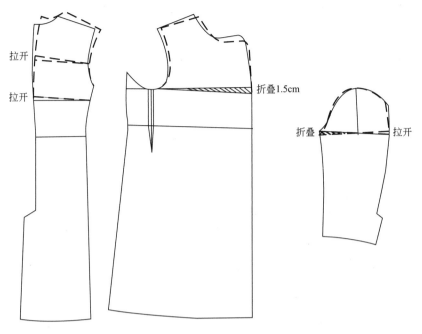

图 7-21　驼背体纸样调整

（2）**中度驼背体**　后背处挖开 1～1.5cm，前胸在胸围线处可适当折叠，减小前腰节的长度。

（3）**强度驼背体**　后片挖开 1.5cm，前片在前胸围线处折叠 1.5cm。装袖时可朝前装，适当增加后袖缝的长度。横开领的宽度可适当减小。前肩可缩进，后肩可放出。

3. 溜肩体的纸样调整（图 7-22）

溜肩体的主要征状：肩缝的外端起空，袖窿处因为外肩的下落，出现"八"字形斜绉，后背开衩搅盖。

原因：溜肩体的肩斜角度大，为 22°～23°。有特别肩斜者，肩斜角度甚至超过 25°，这时必须用垫肩补正。有时衣服的肩斜斜度不够，而又没有加入足够厚度的垫肩，也会出现溜肩体的征状。

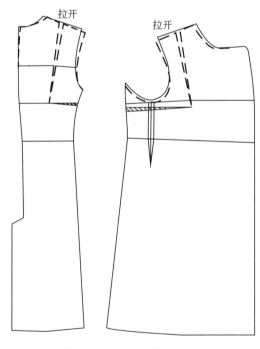

图 7-22　溜肩体纸样调整

修改方法和工艺要点：纸样在袖窿处和肩部的 1/2 处剪开，袖窿处搭合 1cm，肩端整体下落。应精确地测量出溜肩体的肩斜角度，来确定袖窿处搭合的量。溜肩体的袖山弧线可以改平些，以方便运动。袖山高去掉的量要加入总袖长当中。

4. 端肩体的纸样调整（图 7-23）

端肩体的主要征状：外肩端被肩骨顶起，两肩处出现倒八字形的褶皱。前胸驳头处荡空，不贴身。外肩端被提起之后，门襟止口下端豁开，后片的开衩出现豁开现象。

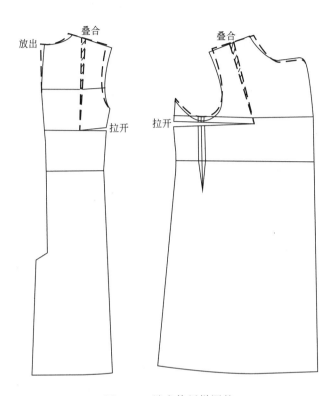

图 7-23　端肩体纸样调整

原因：端肩体的肩斜角度小，导致衣服在肩部被抬起。有些人肩头较平，当使用垫肩厚度不当，如垫肩过厚时，也会出现端肩体的征状。

修改方法和工艺要点：在袖窿深线处和肩部的 1/2 处剪开，抬高肩端。使用薄垫肩或不用垫肩，达到肩部斜绺消失的效果。端肩体的袖山高度可相应增加，使袖面平直不起吊。

5. 偏瘦体的纸样调整（图 7-24）

偏瘦体的主要征状：身体瘦且单薄的人穿着大衣易出现衣服过于宽松，出现竖绺的情况。

原因：根据公式制版，版型由偏瘦体人穿着不合体。胸宽、背宽等公式需调整。

修改方法和工艺要点：在前后衣片折合多余的量，然后测量尺寸，重新试样补正。袖片也要相应地折合多余的量，然后测量袖窿与袖山弧线的差值。

6. 驼背凸肚体的纸样调整（图 7-25）

驼背凸肚体的主要征状：前胸凹陷、驳头荡空与身体不贴合。袖窿左右两侧出现倒八字形褶皱，腹部被顶起，门襟下部出现豁口现象。侧缝处起绺、后背紧绷、后衩吊起。后袖窿出现八字形褶皱。

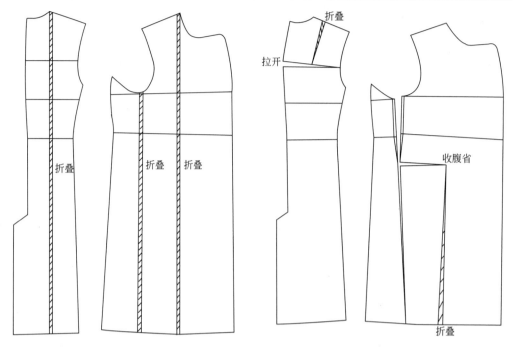

图 7-24　偏瘦体纸样调整　　　　　图 7-25　驼背凸肚体纸样调整

原因：驼背体需要的后片腰节长度不够，腹部无肚省或肚省不够。

修改方法和工艺要点：加腹省或将袖窿处的省直接开到底，增加袖窿处的省量。增加后袖窿弧长，缩短前袖窿弧长。在后背处拉开 1～1.5cm 的量，增加后腰节长度。

7. 凸肚挺胸体的纸样调整（图 7-26）

凸肚挺胸体主要征状：前身短、前止口起吊、驳头处荡开、腹部顶起、紧绷，严重者腹部无法系上纽扣；后背袖窿处起涌、前袖窿处有"八"字形绺；后片衣长下沉，衣服下摆明显前短后长。

原因：前衣长无法满足胸腹所需要的量，前撇胸的量不够，腹部无肚省或肚省不够。

修改方法和工艺要点：将前片袖窿深线处、胸围线处拉开，袖窿省一直通到底摆，增大袖窿处的省量，设腹省，后片可折叠 1cm，缩短后腰节的长度。前衣片在归拔时应烫出胸高的量，使胸部呈隆起状。

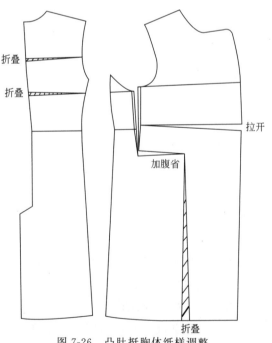

图 7-26　凸肚挺胸体纸样调整

第八章
男休闲装结构与制图要领

本章将介绍几款男式夹克和休闲男装的结构制图。夹克为短小的服装，式样一般比较轻盈活泼，适合在春秋季穿着，是男式春秋衫的主要形式。

第一节
男立领夹克衫

一、制图依据

1. 款式分析

款式特征：此款春秋衫前中开襟，装拉链，左右各设拉链口袋1个；后片设横向分割线；下摆装登闩；袖型为三片圆装袖，袖口装袖克夫；立领（图 8-1）。

适用面料：中厚型棉布或毛呢面料。

2. 测量要点

衣长的测定：一般因款式及个人爱好而异。夹克衫短于一般上衣，此款衣长位于臀围线左右。

胸围的放松量：胸围应比一般上衣的放松量大，为 22～35cm。

3. 制图规格（表 8-1）

表 8-1　男立领夹克衫制图规格　　　　　　　　单位：cm

号型	部位	衣长	胸围	领围	肩宽	袖长	前腰节长	下摆	登闩宽	袖克夫宽
170/88A	规格	66	110	40	46	60	42.5	106	6	6

二、结构制图

1. 前后衣片结构图（图 8-2）

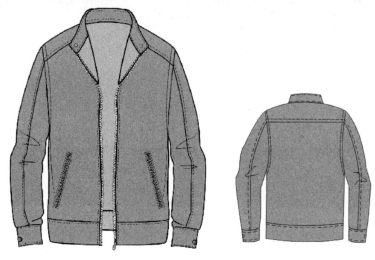

图8-1　男立领夹克衫

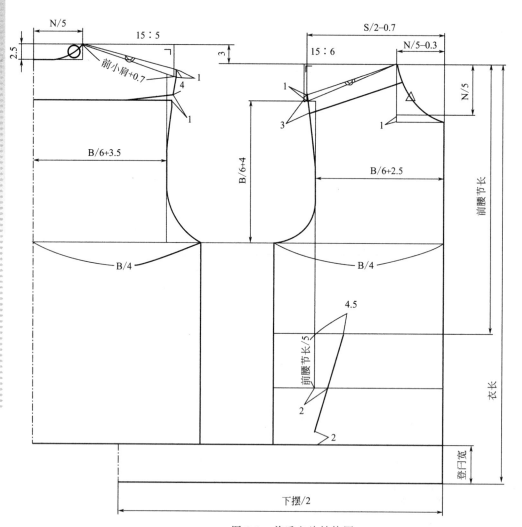

图8-2　前后衣片结构图

2. 袖子结构图（图 8-3）

3. 领子结构图（图 8-4）

4. 袖克夫结构图（图 8-5）

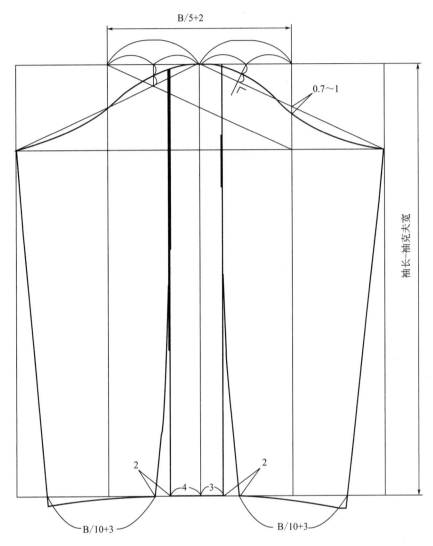

图 8-3　袖子结构图

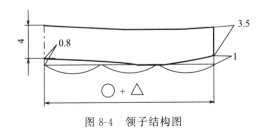

图 8-4　领子结构图

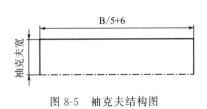

图 8-5　袖克夫结构图

三、制图要领与说明

1. 男上装胸背差的确定

胸背差在制图中起着很重要的作用，处理不当就会产生弊病。由于胸围与胸背差的变化相关，因此它们之间的关系用下列公式表示。

胸背差：$0 \leqslant B/10-8 \leqslant 3$

例如，此款为男夹克衫，胸围为110cm，代入上式可得：$110/10-8=3\text{cm}$。

同时规定，如果胸背差大于3cm，一律按3cm处理，因此此款夹克衫胸背差应为3cm。使用上述公式时，挺胸、驼背等特殊体型的胸背差可在上述基础上酌量加减。

2. 男上衣肩斜度的确定

一般合体的男上衣的肩斜度为前肩斜度22°（15∶6），后肩斜度18°（15∶5），如果是宽松型男上衣就必须调整为前肩斜度小于22°，后肩斜度小于18°。其原因为宽松型服装的宽松量应体现在整件服装中，胸围放松量的增加使胸宽、背宽等相应增加，因此肩斜度也应增加放松量，使整件服装协调美观。

第二节
男翻领夹克衫

一、制图依据

1. 款式分析

款式特征：此款夹克前中开襟，四粒扣，左右各设竖向分割线1条、贴袋1个；后片设横向分割线1条、竖向分割线1条；下摆抽带；袖型为两片式圆装袖，袖口上装袖祥；翻领（图8-6）。

适用面料：中厚型棉布或皮革面料。

2. 测量要点

衣长的测定：此款夹克衣长位于臀围线偏下。

胸围的放松量：夹克胸围应比一般上衣的放松量大，此款为26cm。

3. 制图规格 （表8-2）

表8-2　男翻领夹克衫制图规格　　　　　　　　　　　单位：cm

号型	部位	衣长	胸围	领围	肩宽	袖长	前腰节长
170/88A	规格	70	114	42	46	60	42.5

二、结构制图

1. 前后衣片框架图 （图8-7）

图 8-6 男翻领夹克衫

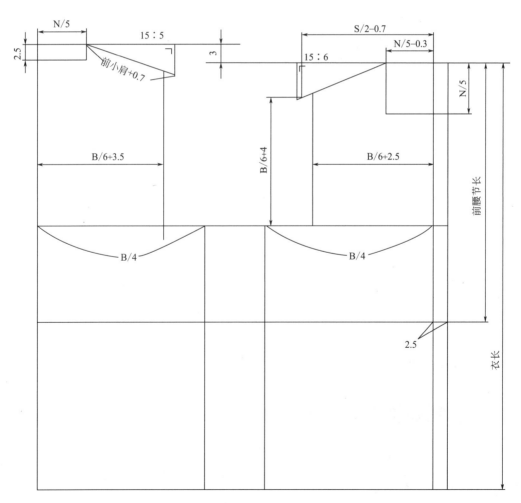

图 8-7 前后衣片框架图

2. 前后衣片结构图（图 8-8）

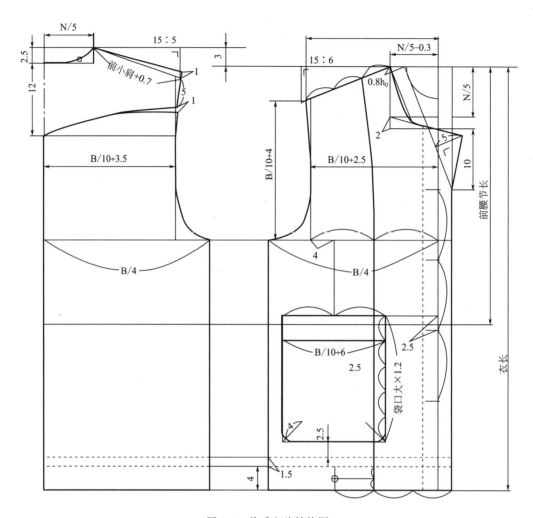

图 8-8　前后衣片结构图

3. 袖子结构图（图 8-9）

4. 领子结构图（图 8-10）

5. 领子展开图（图 8-11）

6. 口袋展开图（图 8-12）

三、制图要领与说明

　　贴袋的前侧线与前中线保持平行主要是为了达到整齐、美观的效果，否则会给人以凌乱感，从而破坏了整体平衡。与此同时，在无特殊要求的情况下，前中线与袋的前侧线取经向，以便工艺制作。

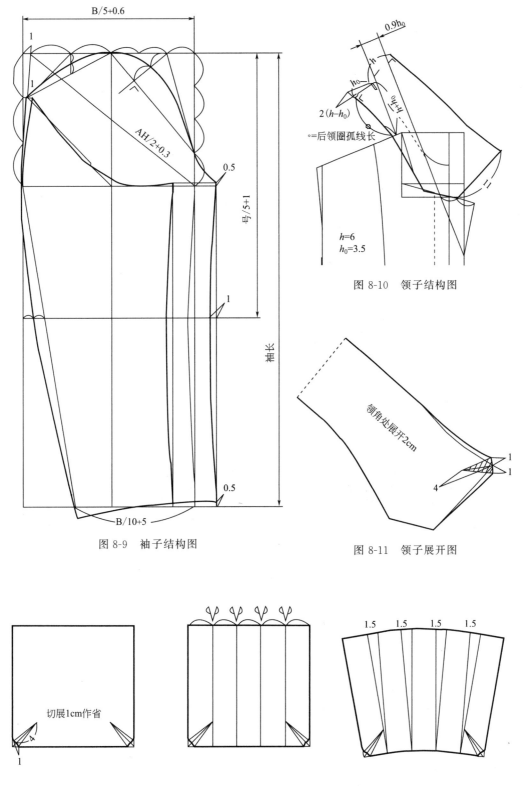

B/5+0.6

AH/2+0.3

号/5+1

袖长

B/10+5

图 8-9　袖子结构图

0.9h₀

2(h-h₀)

○=后领圈弧线长

h=6
h₀=3.5

图 8-10　领子结构图

领角处展开2cm

图 8-11　领子展开图

切展1cm作省

图 8-12　口袋展开图

第三节
插肩袖立领夹克衫

一、制图依据

1. 款式分析

款式特征：此款夹克前中领口处开襟，装拉链；后片为一整片；前后袖窿处分别设拼色条；下摆前短后长；袖型为插肩拼色袖，肘部设有拉链口袋，袖口装袖克夫；立拼色领（图8-13）。

图8-13　插肩袖立领夹克衫

适用面料：中厚型弹性面料或针织面料。

2. 测量要点

衣长的测定：此款夹克衣长位于臀围线偏下。

胸围的放松量：此款夹克胸围的放松量不宜过大，为22cm。

3. 制图规格（表8-3）

表8-3　插肩袖立领夹克衫制图规格　　　　　　单位：cm

号型	部位	衣长	胸围	领围	肩宽	袖长	前腰节长	袖克夫宽
170/88A	规格	70	110	40	45	60	42.5	6

二、结构制图

1. 前后衣片结构图（图 8-14）

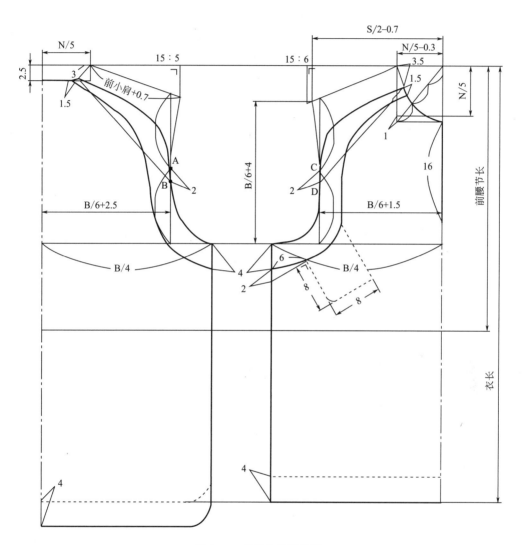

图 8-14 前后衣片结构图

2. 前袖片结构图（图 8-15）

3. 后袖片结构图（图 8-16）

4. 袖子拼条、肘袋结构图（图 8-17）

5. 领子结构图（图 8-18）

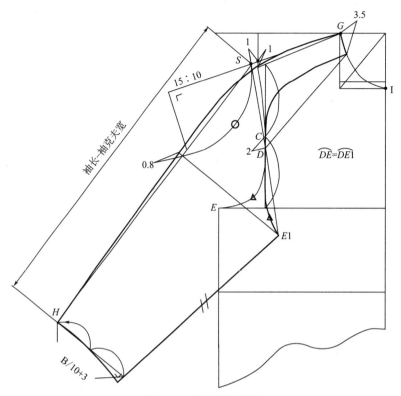

图 8-15　前袖片结构图

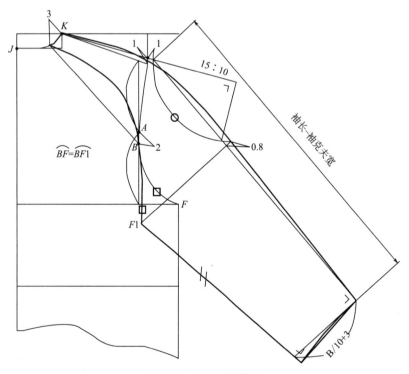

图 8-16　后袖片结构图

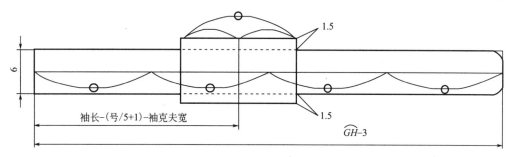

图 8-17　袖子拼条、肘袋结构图

6. 袖克夫结构图（图 8-19）

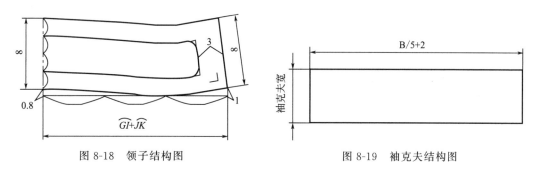

图 8-18　领子结构图　　　　　　　　　图 8-19　袖克夫结构图

三、制图要领与说明

1. 插肩袖的袖山弧线与袖窿弧线的长度处理

插肩袖的袖山弧线在一般情况下等于或略大于袖窿弧线，其原因是衣袖的组装部位不在肩端。

2. 前后袖长的长度处理

前衣袖长与后衣袖长在一般情况下可等长，但有时在面料允许的情况下，也可以处理成后袖略长（约 0.5cm），主要是使两袖缝拼接后，后衣袖长略有吃势，从而使成型后的袖中线不后偏，注意后袖底线的同步加长。

第四节
男商务夹克衫

一、制图依据

1. 款式分析

款式特征：本款夹克领型为方形翻领，前中开襟、单排扣，钉 6 粒纽扣；前片设横向分割线，分割线左右各一个暗袋；下摆处左右各设两个箱型立体式贴袋，贴袋钉扣，带盖开扣眼，贴袋侧面设分隔层可以抄手，便于斜插用；衣身前后片侧面留开衩设计，便于活动；后背横向分割；袖口为衬衣袖（图8-20）。

适用面料：棉质中厚面料。

2. 测量要点胸围放松量可适当大些，衣长至臀部以上。

3. 制图规格（表8-4）

图8-20　男商务夹克衫

表8-4　男商务夹克衫制图规格　　　　　　　　　　　　单位：cm

号型	部位	衣长	胸围	领围	肩宽	袖长	前腰节长
170/88A	规格	70	110	42	46	60	42.5

二、结构制图

1. 前后衣片框架图（图8-21）

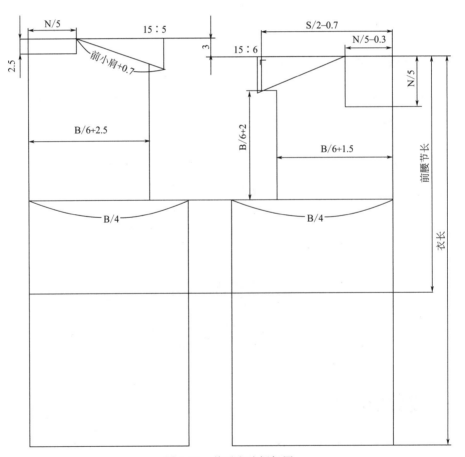

图8-21　前后衣片框架图

2. 前后衣片结构图（图 8-22）

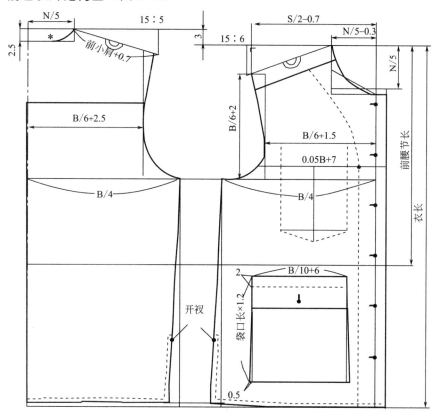

图 8-22　前后衣片结构图

3. 袖片结构图（图 8-23）

4. 领片结构图（图 8-24）

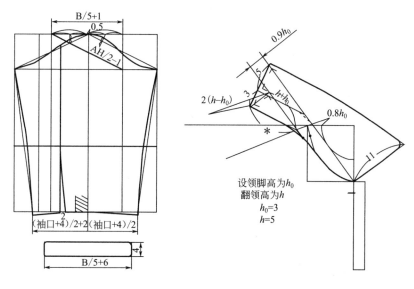

图 8-23　袖片结构图　　　　图 8-24　领片结构图

5. 分解图（图 8-25）

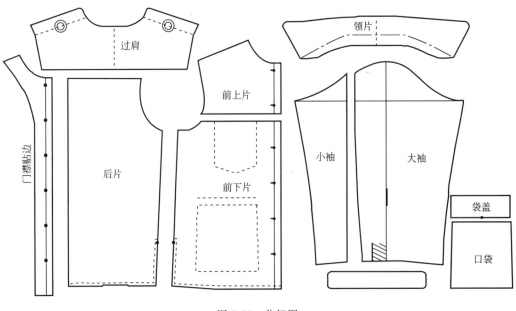

图 8-25　分解图

第五节
带帽针织卫衣

一、制图依据

1. 款式分析

款式特征：此款卫衣前中领口处开口，衣身设装饰性分割线，腹部设贴袋；后片无中缝，设装饰性分割线；下摆抽带收紧；袖型为一片式圆装袖，袖口装紧口袖克夫；无领带帽（图 8-26）。

适用面料：薄、中厚型弹性面料或针织面料。

2. 测量要点

衣长的测定：此款夹克衣长位于臀围线偏下。

胸围的放松量：此款夹克胸围的放松量不宜过大，为 22cm。

3. 制图规格（表 8-5）

表 8-5　带帽针织卫衣制图规格　　　　　　　　　　单位：cm

号型	部位	衣长	胸围	领围	肩宽	袖长	前腰节长	袖克夫宽	登闩宽
170/88A	规格	68	110	41	46	60	42.5	6	6

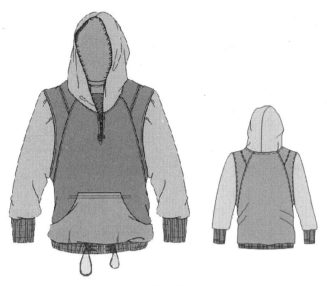

图 8-26　带帽针织卫衣

二、 结构制图

1. 前后衣片结构图（图 8-27）

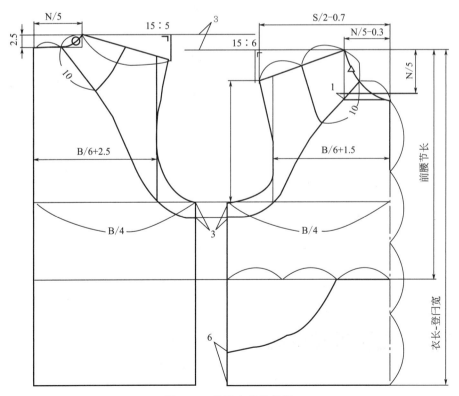

图 8-27　前后衣片结构图

2. 袖片结构图（图 8-28）

3. 帽子结构图（图 8-29）

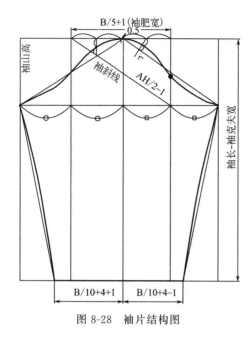

图 8-28　袖片结构图

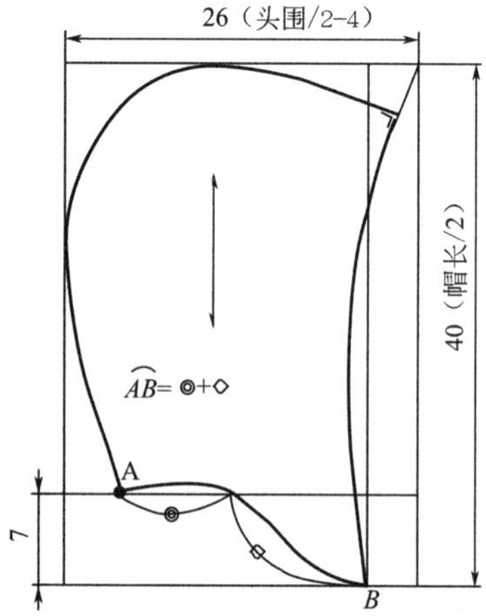

图 8-29　帽子结构图

4. 登闩结构图（图 8-30）

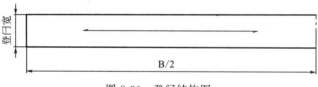

图 8-30　登闩结构图

5. 袖克夫结构图（图 8-31）

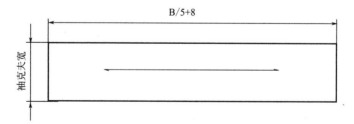

图 8-31　袖克夫结构图

三、制图要领与说明

利用袖斜线确定袖山高线的优点如下。

① 袖山弧线的总长与预定的长度容易接近，保证了袖山弧线总长与袖窿弧线总长

之差约等于所需袖山弧线吃势量，因此大大提高了精确度。

② 可调节袖肥宽与袖山高的大小，使袖的造型灵活可变。

第六节
商务男装

一、制图依据

1. 款式分析

本款为外穿商务男装（图 8-32）。领型为平驳头西服领；前中暗开襟单排扣、暗襟三粒纽扣；门襟钉明纽扣 1 粒；腰线部位挖横向口袋，袋口双嵌线；后身设背缝；后片开背缝，下设开衩；袖型为两片式圆装袖，袖口设拼布；领口、门襟、底边、肩部、袖口拼接部分、口袋上口和两侧通顺至下摆均单缉明线。

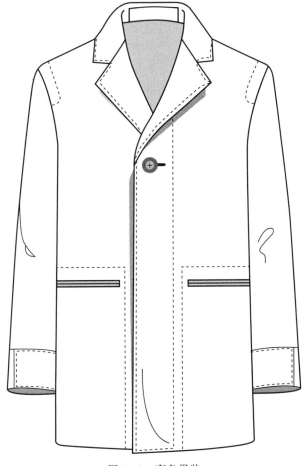

图 8-32 商务男装

2. 测量要点

　　本款男装衣长比普通西服长些，可根据款式要求适当加长。由于此款为合体西服，所以胸围放松量不宜过大，一般在 12～14cm。

　　适用面料：中厚面料。

二、制图规格（表 8-6）

表 8-6　商务男装制图规格　　　　　　　　　　　　　　　　单位：cm

号型	部位	衣长	胸围	领围	肩宽	袖长	前腰节
170/88A	规格	75	110	40	45	58.5	42.5

三、结构制图

1. 前后衣片框架图（图 8-33）

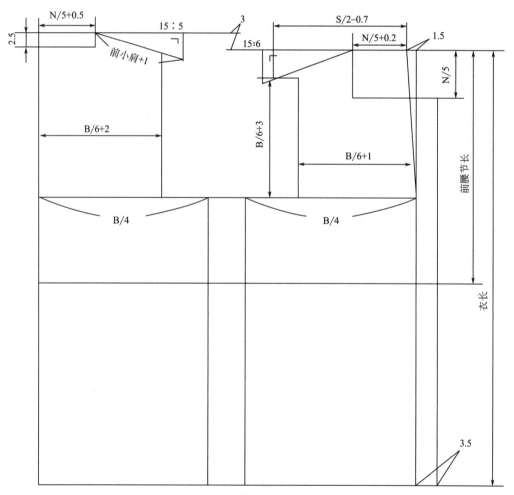

图 8-33　前后衣片框架图

2. 前后衣片结构图（图 8-34）

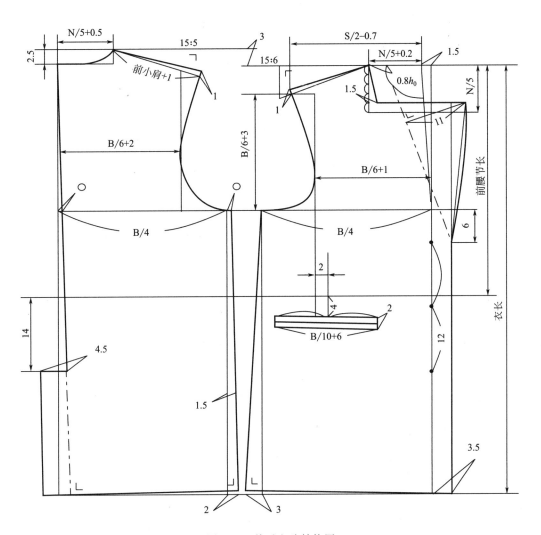

图 8-34 前后衣片结构图

3. 袖片框架图（图 8-35）

4. 袖片结构图（图 8-36）

5. 分解图（图 8-37）

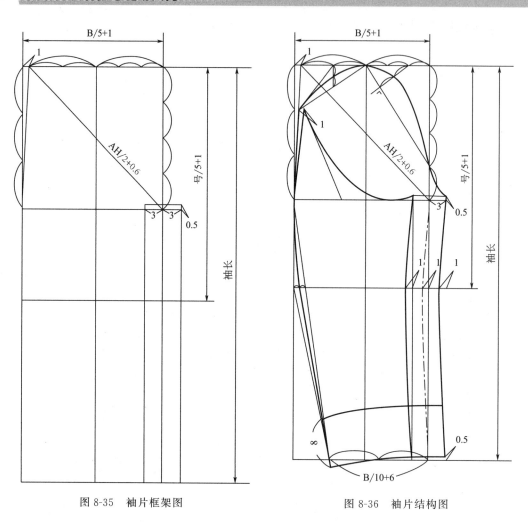

图 8-35　袖片框架图　　　　图 8-36　袖片结构图

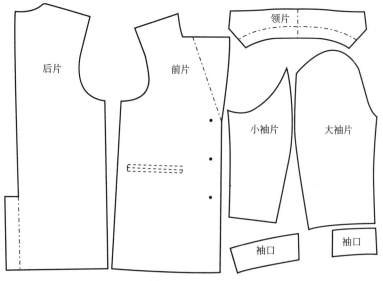

图 8-37　分解图

第七节
休闲男西装

一、制图依据

款式特征：本款领型为戗驳头西服领；前中开襟、双排扣，钉两排纽扣，前片收胸腰省、腋下省，左前片有胸袋，腰节线下左右各一圆角贴袋；后中设背缝；袖型为两片式圆装袖，袖口开衩，钉装饰扣三粒；前下摆为圆角设计，后片开背缝，所有止口均缉明线（图8-38）。

图 8-38　休闲男西装

适用面料：中厚挺括面料、混纺材料。

二、 制图规格（表 8-7）

表 8-7 休闲男西装制图规格 单位：cm

号型	部位	衣长	胸围	领围	肩宽	袖长	前腰节
170/88A	规格	76	108	40	45	58.5	42.5

三、结构制图

1. 前后衣片结构图（图 8-39）

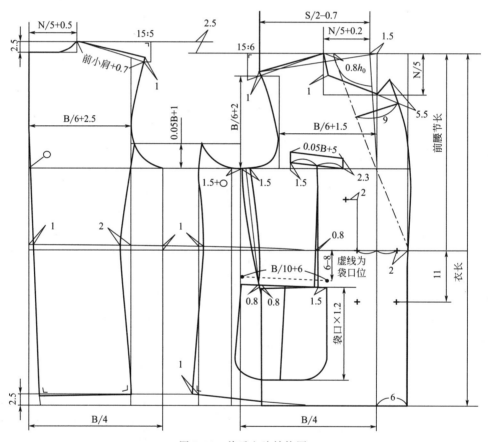

图 8-39 前后衣片结构图

2. 腹省结构图（图 8-40）

3. 袖片结构图（图 8-41）

4. 领片结构图（图 8-42 和图 8-43）

5. 分解图（图 8-44）

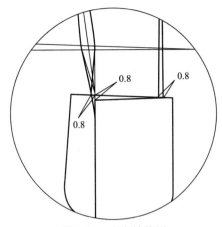

图 8-40　腹省结构图

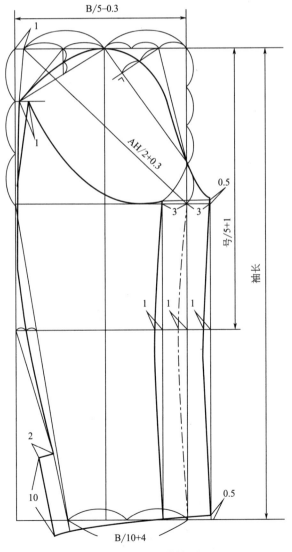

图 8-41　袖片结构图

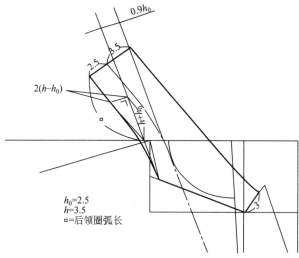

图 8-42　领片结构图一

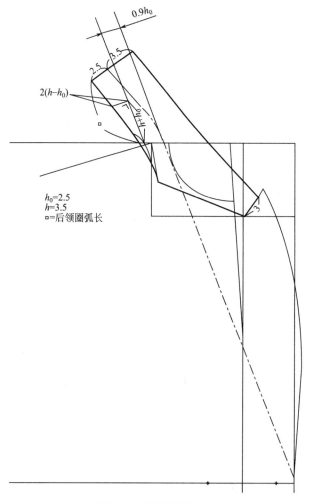

图 8-43　领片结构图二

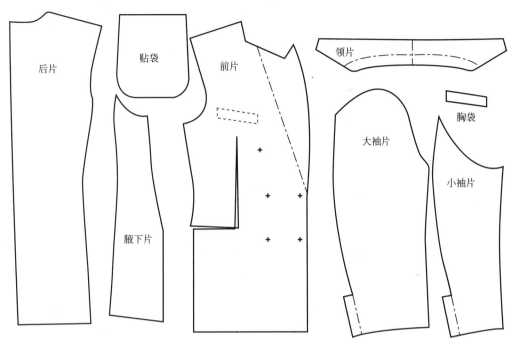

图 8-44　分解图

参 考 文 献

［1］ 张文斌著 . 服装制版基础篇 . 上海：东华大学出版社，2012.

［2］ 戴鸿著 . 服装号型标准及其应用 . 北京：中国纺织出版社，2009.

［3］ 万宗瑜著 . 男装结构设计 . 上海：东华大学出版社，2011.

［4］ 孙兆全著 . 经典男装纸样设计 . 上海：东华大学出版社，2012.

［5］ 侯东昱著 . 女装结构设计 . 上海：东华大学出版社，2013.

［6］ 刘瑞璞，张宁著 . 男装款式和纸样系列设计与训练手册 . 北京：中国纺织出版社，2010.

［7］ 孙熊著 . 特殊体型的试衣与裁剪 . 上海：上海科学技术出版社，2010.

［8］ 许涛著 . 服装制作工艺——实训手册 . 北京：中国纺织出版社，2007.

［9］ 丁学华著 . 男装制作工艺 . 北京：中国纺织出版社，2005.

［10］ 刘瑞璞著 . 服装纸样设计原理与应用 . 北京：中国纺织出版社，2008.

［11］ 刘凤霞，韩滨颖著 . 现代男装纸样设计原理与打板 . 北京：中国纺织出版社，2014 .